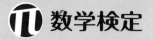
数学検定

実用数学技能検定® 数検

要点整理

THE MATHEMATICS CERTIFICATION INSTITUTE OF JAPAN
[THE 4th GRADE]

4級

4

JN021408

公益財団法人 日本数学検定協会

まえがき

　早速ですが，「SDGs」（エス・ディー・ジーズ）という言葉をご存じでしょうか。

　正確には，「Sustainable Development Goals」（持続可能な開発目標）の略で，2015年9月に行われた国連サミットで採択された，2030年までに持続可能でよりよい世界を達成するために掲げた国際目標です。SDGsは，17の目標と169のターゲットで構成されており，目標4においては“質の高い教育をみんなに”として，「すべての人に包摂的かつ公正な質の高い教育を確保し，生涯学習の機会を促進する」ことが掲げられています。

　数学を学ぶことのできる環境づくりは“質の高い教育をみんなに”という目標4に合致するものですが，数学を学ぶことで得られる力は，ほかの16の目標を達成するための方策を見いだすことに生きると考えています。たとえば目標14では，“海の豊かさを守ろう”として「持続可能な開発のために，海洋・海洋資源を保全し，持続可能な形で利用する」ことが掲げられています。海洋資源を保全するためには，まず現在の資源の状況を把握する必要があります。そして，危機に瀕することになった原因を分析し，さまざまな対応策の中から適切なものを選択・判断しながら，解決に導きます。このような一連の流れの中で「数学的活動」が存分に寄与しています。人々は，これまで歩んできた過程で派生したさまざまな課題を「数学の力」で解決してきたのです。

　「実用数学技能検定」は，計算・作図・表現・測定・整理・統計・証明の7つの数学技能を測る検定として位置づけています。これらの技能は，さまざまな場面で実用的に使われることを想定しており，その中で実感の伴う理解を深めることで向上するものと考えられます。たとえば，整理技能は，「さまざまな情報の中から，有用なものや正しいものを適切に選択・判断し活用できる，高度な情報処理能力を意味する技能」です。先述の目標14においても，資源の状況把握，危機に関する情報処理，対応策の判断などについて，整理技能が有効に働くと考えています。

　このように，実用数学技能検定の問題には，これからの社会で数学を活用するヒントがたくさん示されています。

　数学を学ぶことによって，人々が関わるすべての環境との調和を保ち，SDGsの目標達成を一緒にめざしてみませんか？

公益財団法人　日本数学検定協会

目　次

本書の使い方

本書は「基礎から発展まで多くの問題を知りたい」「苦手な内容をしっかりと学習したい」という人に向けて学習内容ごとにまとめられています。それぞれ，基本事項のまとめと難易度別の問題があります。

1 基本事項のまとめを確認する

はじめに，基本事項についてのまとめがあります。
苦手な内容を学習したい場合は，このページからしっかり理解していきましょう。

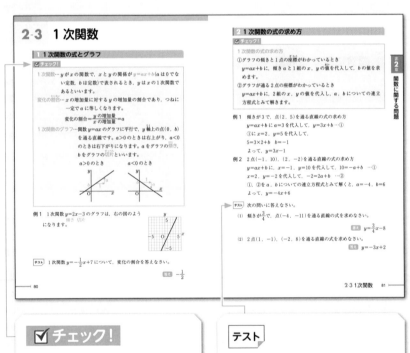

✓ チェック！
基本事項のまとめの中でもとくに確認しておきたい要点です。

テスト
基本事項のまとめを確認するためのテストです。

2 難易度別の問題で理解を深める

難易度別の問題でステップアップしながら学習し，少しずつ着実に理解を深めていきましょう。

… 基本問題 … ➡ … 応用問題 … ➡ … 発展問題 …

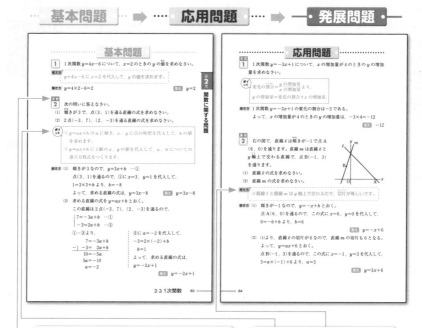

重要

とくに重要な問題です。検定直前に復習するときは，このマークのついた問題を優先的に確認し，確実に解けるようにしておきましょう。

ポイント 考え方

解き方 にたどりつくまでのヒントです。わからないときは，これを参考にしましょう。

3 練習問題にチャレンジ！

… 練習問題 … 学習した内容がしっかりと身についているか，「練習問題」で確認しましょう。
練習問題の解き方と答えは別冊に掲載されています。

検定概要

「実用数学技能検定」とは

「実用数学技能検定」(後援＝文部科学省。対象：1〜11級)は，数学・算数の実用的な技能(計算・作図・表現・測定・整理・統計・証明)を測る「記述式」の検定で，公益財団法人日本数学検定協会が実施している全国レベルの実力・絶対評価システムです。

検定階級

1級，準1級，2級，準2級，3級，4級，5級，6級，7級，8級，9級，10級，11級，かず・かたち検定のゴールドスター，シルバースターがあります。おもに，数学領域である1級から5級までを「数学検定」と呼び，算数領域である6級から11級，かず・かたち検定までを「算数検定」と呼びます。

1次：計算技能検定／2次：数理技能検定

数学検定(1〜5級)には，計算技能を測る「1次：計算技能検定」と数理応用技能を測る「2次：数理技能検定」があります。算数検定(6〜11級，かず・かたち検定)には，1次・2次の区分はありません。

「実用数学技能検定」の特長とメリット

①「記述式」の検定

解答を記述することで，答えに至る過程や結果について理解しているかどうかをみることができます。

②学年をまたぐ幅広い出題範囲

準1級から10級までの出題範囲は，目安となる学年とその下の学年の2学年分または3学年分にわたります。1年前，2年前に学習した内容の理解についても確認することができます。

③入試優遇や単位認定

実用数学技能検定の取得を，入試の際や単位認定に活用する学校が増えています。

入試優遇　　　単位認定

受検方法

受検方法によって，検定日や検定料，受検できる階級や申込方法などが異なります。くわしくは公式サイトでご確認ください。

個人受検

日曜日に年3回実施する個人受検A日程と，土曜日に実施する個人受検B日程があります。個人受検B日程で実施する検定回や階級は，会場ごとに異なります。

団体受検

団体受検とは，学校や学習塾などで受検する方法です。団体が選択した検定日に実施されます。
くわしくは学校や学習塾にお問い合わせください。

検定日当日の持ち物

持ち物＼階級	1〜5級 1次	1〜5級 2次	6〜8級	9〜11級	かず・かたち検定
受検証(写真貼付)※1	必須	必須	必須	必須	
鉛筆またはシャープペンシル(黒のHB・B・2B)	必須	必須	必須	必須	必須
消しゴム	必須	必須	必須	必須	必須
ものさし(定規)		必須	必須	必須	
コンパス		必須	必須		
分度器			必須		
電卓(算盤)※2		使用可			

※1 団体受検では受検証は発行・送付されません。
※2 使用できる電卓の種類　〇一般的な電卓　〇関数電卓　〇グラフ電卓
　　通信機能や印刷機能をもつもの，携帯電話・スマートフォン・電子辞書・パソコンなどの電卓機能は使用できません。

階級の構成

	階級	構成	検定時間	出題数	合格基準	目安となる学年
数学検定	1級	1次：計算技能検定　2次：数理技能検定があります。はじめて受検するときは1次・2次両方を受検します。	1次：60分　2次：120分	1次：7問　2次：2題必須・5題より2題選択	1次：全問題の70%程度　2次：全問題の60%程度	大学程度・一般
	準1級					高校3年程度（数学Ⅲ程度）
	2級		1次：50分　2次：90分	1次：15問　2次：2題必須・5題より3題選択		高校2年程度（数学Ⅱ・数学B程度）
	準2級			1次：15問　2次：10問		高校1年程度（数学Ⅰ・数学A程度）
	3級		1次：50分　2次：60分	1次：30問　2次：20問		中学校3年程度
	4級					中学校2年程度
	5級					中学校1年程度
算数検定	6級	1次／2次の区分はありません。	50分	30問	全問題の70%程度	小学校6年程度
	7級					小学校5年程度
	8級					小学校4年程度
	9級		40分	20問		小学校3年程度
	10級					小学校2年程度
	11級					小学校1年程度
かず・かたち検定	ゴールドスター			15問	10問	幼児
	シルバースター					

4級の検定基準（抄）

検定の内容	技能の概要	目安となる学年
文字式を用いた簡単な式の四則混合計算，文字式の利用と等式の変形，連立方程式，平行線の性質，三角形の合同条件，四角形の性質，一次関数，確率の基礎，簡単な統計 など	**社会で主体的かつ合理的に行動するために役立つ基礎的数学技能** ①２つのものの関係を文字式で合理的に表示することができる。 ②簡単な情報を統計的な方法で表示することができる。	中学校2年程度
正の数・負の数を含む四則混合計算，文字を用いた式，一次式の加法・減法，一元一次方程式，基本的な作図，平行移動，対称移動，回転移動，空間における直線や平面の位置関係，扇形の弧の長さと面積，空間図形の構成，空間図形の投影・展開，柱体・錐体及び球の表面積と体積，直角座標，負の数を含む比例・反比例，度数分布とヒストグラム など	**社会で賢く生活するために役立つ基礎的数学技能** ①負の数がわかり，社会現象の実質的正負の変化をグラフに表すことができる。 ②基本的図形を正確に描くことができる。 ③２つのものの関係変化を直線で表示することができる。	中学校1年程度
分数を含む四則混合計算，円の面積，円柱・角柱の体積，縮図・拡大図，対称性などの理解，基本的単位の理解，比の理解，比例や反比例の理解，資料の整理，簡単な文字と式，簡単な測定や計量の理解 など	**身近な生活に役立つ算数技能** ①容器に入っている液体などの計量ができる。 ②地図上で実際の大きさや広さを算出することができる。 ③２つのものの関係を比やグラフで表示することができる。 ④簡単な資料の整理をしたり，表にまとめたりすることができる。	小学校6年程度

4級の検定内容の構造

中学校2年程度	中学校1年程度	小学校6年程度	特有問題
30%	30%	30%	10%

※割合はおおよその目安です。
※検定内容の10%にあたる問題は，実用数学技能検定特有の問題です。

4級合格をめざすための
チェックポイント

■分数のかけ算・わり算（p.14～）

$$\frac{△}{□}×\frac{☆}{○}=\frac{△×☆}{□×○} \qquad \frac{△}{□}÷\frac{☆}{○}=\frac{△×○}{□×☆}$$

■1次方程式（p.36～）

1次方程式の解き方 $\qquad\qquad\qquad 1.5x+2=0.4(2x-9)$

・分数，小数を含むときは，整数になるようにする。 $\quad 15x+20=4(2x-9)$

・かっこがあるときは，かっこをはずす。 $\qquad\qquad 15x+20=8x-36$

・文字の項を左辺に，数の項を右辺に移項する。 $\qquad 15x-8x=-36-20$

・両辺をそれぞれ計算して，$ax=b$ の形にする。 $\qquad\quad 7x=-56$

・両辺を x の係数 a でわって，x の値を求める。 $\qquad\quad x=-8$

■比例式の性質（p.65～）

$a:b=m:n$ ならば，$an=bm$

■比例，反比例（p.71～）

比例の式… $y=ax$ $\qquad\qquad\qquad$ 反比例の式… $y=\dfrac{a}{x}$

比例のグラフ…原点を通る直線 $\qquad\qquad$ 反比例のグラフ…双曲線

$a>0$ のとき $\qquad$ $a<0$ のとき $\qquad\qquad$ $a>0$ のとき $\qquad$ $a<0$ のとき

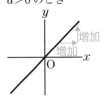 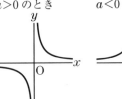 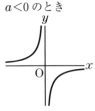

■1次関数（p.80～）

1次関数の式… $y=ax+b$

1次関数のグラフ… $y=ax$ に平行で，y 軸上の点$(0,b)$を通る直線

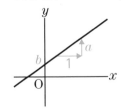 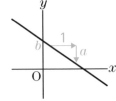

■おうぎ形 (p.101 ～)

おうぎ形の弧の長さ　$\ell = 2\pi r \times \dfrac{a}{360}$　（ℓ：弧の長さ，r：半径，a：中心角）

おうぎ形の面積　　　$S = \pi r^2 \times \dfrac{a}{360}$　（S：面積，r：半径，a：中心角）

■立体の体積 (p.111 ～)

角柱・円柱の体積　　$V = Sh$　　　（V：体積，S：底面積，h：高さ）

角錐・円錐の体積　　$V = \dfrac{1}{3} Sh$　（V：体積，S：底面積，h：高さ）

球の体積　　　　　　$V = \dfrac{4}{3} \pi r^3$　（V：体積，r：半径）

■三角形の合同条件 (p.123 ～)

2つの三角形は，次の条件のうち，いずれかが成り立つとき，合同になる。

①　3組の辺がそれぞれ等しい。

②　2組の辺とその間の角がそれぞれ等しい。

③　1組の辺とその両端の角がそれぞれ等しい。

■直角三角形の合同条件 (p.138 ～)

2つの直角三角形は，次の条件のうち，いずれかが成り立つとき，合同になる。

①　斜辺と1つの鋭角がそれぞれ等しい。

②　斜辺と他の1辺がそれぞれ等しい。

■データの分布と比較 (p.154 ～)

累積度数…最小の階級からある階級までの度数を加えたもの

相対度数…各階級の度数の，全体に対する割合

累積相対度数…最小の階級からある階級までの相対度数を加えたもの

平均値…個々のデータの値の合計を，データの総数でわった値

中央値(メジアン)…データを大きさの順に並べたときの中央の値

最頻値(モード)…データの中でもっとも多く出てくる値

四分位数…データを小さい順に並べたとき，全体を4等分する位置にある
　　　　　3つの値

四分位範囲…第3四分位数と第1四分位数の差

■確率 (p.170 ～)

どの場合が起こることも同様に確からしいとき，確率について次のことが成り立つ。

$p = \dfrac{a}{n}$（p：ことがら A の起こる確率，a：ことがら A の起こる場合の数，

　　　n：全部の場合の数）

第1章 数と式に関する問題

1-1 分数のかけ算・わり算

1 分数のかけ算

☑ チェック！

分数×分数…分母どうし，分子どうしをかけます。 $\dfrac{\triangle}{\square} \times \dfrac{\Leftrightarrow}{\bigcirc} = \dfrac{\triangle \times \Leftrightarrow}{\square \times \bigcirc}$

例1 1dL で壁を $\dfrac{2}{3}$ m² 塗れるペンキがあります。このペンキ $\dfrac{4}{7}$ dL では，

壁を $\dfrac{2}{3} \times \dfrac{4}{7} = \dfrac{2 \times 4}{3 \times 7} = \dfrac{8}{21}$ (m²) 塗れます。

└──────────── 分母どうし，分子どうしをかける

例2 約分できるときは，約分してから計算すると簡単です。

$$\dfrac{9}{14} \times \dfrac{7}{6} = \dfrac{\overset{3}{9} \times \overset{1}{7}}{\underset{2}{14} \times \underset{2}{6}} = \dfrac{3}{4}$$

例3 帯分数は，仮分数になおして計算します。

$$1\dfrac{3}{5} \times 2\dfrac{1}{12} = \dfrac{8}{5} \times \dfrac{25}{12} = \dfrac{\overset{2}{8} \times \overset{5}{25}}{\underset{1}{5} \times \underset{3}{12}} = \dfrac{10}{3}$$

テスト 次の計算をしなさい。

(1) $\dfrac{8}{9} \times \dfrac{3}{2}$

(2) $1\dfrac{1}{4} \times 2\dfrac{4}{7}$

答え (1) $\dfrac{4}{3}\left(1\dfrac{1}{3}\right)$ (2) $\dfrac{45}{14}\left(3\dfrac{3}{14}\right)$

☑ チェック！

逆数…2つの数の積が1になるとき，一方の数をもう一方の数の逆数
といいます。

例1 $\dfrac{5}{7} \times \dfrac{7}{5} = 1$ だから，$\dfrac{5}{7}$ の逆数は $\dfrac{7}{5}$，$\dfrac{7}{5}$ の逆数は $\dfrac{5}{7}$ です。

2 分数のわり算

✓チェック！

> 分数÷分数…わる数の逆数をかけます。
>
> $$\frac{\triangle}{\square} \div \frac{\maltese}{\bigcirc} = \frac{\triangle \times \bigcirc}{\square \times \maltese}$$

例1 $\frac{5}{6}$dL で壁を $\frac{3}{7}$m² 塗れるペンキがあります。

（1dL で塗れる面積）＝（塗った面積）÷（使ったペンキの量）

だから，このペンキ 1dL では，壁を

$$\frac{3}{7} \div \frac{5}{6} = \frac{3}{7} \times \frac{6}{5} = \frac{3 \times 6}{7 \times 5} = \frac{18}{35} (\text{m}^2) 塗れます。$$

わる数の逆数をかける

例2 分数のかけ算とわり算の混じった計算は，逆数を使ってかけ算だけの式にして計算します。

$$\frac{3}{4} \times \frac{2}{5} \div \frac{7}{10} = \frac{3}{4} \times \frac{2}{5} \times \frac{10}{7} = \frac{3 \times 2 \times \overset{1}{\cancel{10}}^{\,\overset{1}{\cancel{2}}}}{\underset{1}{\cancel{4}} \times \underset{1}{\cancel{5}} \times 7} = \frac{3}{7}$$

例3 分数，小数，整数の混じったかけ算やわり算は，分数のかけ算だけの式になおすと，計算することができます。

$$\frac{3}{4} \div 0.8 \times 12 = \frac{3}{4} \div \frac{8}{10} \times \frac{12}{1} = \frac{3 \times \overset{5}{\cancel{10}} \times \overset{3}{\cancel{12}}}{\underset{1}{\cancel{4}} \times \underset{4}{\cancel{8}} \times 1} = \frac{45}{4}$$

$\frac{1}{10}$の 8 個分だから，$0.8 = \frac{8}{10}$

テスト 次の計算をしなさい。

(1) $\frac{3}{5} \div \frac{9}{8}$

(2) $2\frac{1}{10} \div \frac{3}{8}$

答え (1) $\frac{8}{15}$　(2) $\frac{28}{5} \left(5\frac{3}{5}\right)$

重要 ① 次の計算をしなさい。

(1) $\dfrac{5}{8} \times \dfrac{4}{9}$　　(2) $2\dfrac{6}{7} \times \dfrac{5}{8}$　　(3) $\dfrac{5}{8} \div \dfrac{15}{16}$　　(4) $4\dfrac{9}{10} \div 2\dfrac{5}{8}$

解き方 (1) $\dfrac{5}{8} \times \dfrac{4}{9} = \dfrac{5 \times 4}{8 \times 9} = \dfrac{5}{18}$　　　**答え** $\dfrac{5}{18}$

(2) $2\dfrac{6}{7} \times \dfrac{5}{8} = \dfrac{20}{7} \times \dfrac{5}{8} = \dfrac{20 \times 5}{7 \times 8} = \dfrac{25}{14}$　　**答え** $\dfrac{25}{14}\left(1\dfrac{11}{14}\right)$

(3) $\dfrac{5}{8} \div \dfrac{15}{16} = \dfrac{5 \times 16}{8 \times 15} = \dfrac{2}{3}$　　　**答え** $\dfrac{2}{3}$

(4) $4\dfrac{9}{10} \div 2\dfrac{5}{8} = \dfrac{49}{10} \div \dfrac{21}{8} = \dfrac{49 \times 8}{10 \times 21} = \dfrac{28}{15}$　　**答え** $\dfrac{28}{15}\left(1\dfrac{13}{15}\right)$

重要 ② 次の計算をしなさい。

(1) $\dfrac{3}{14} \times \dfrac{2}{5} \times \dfrac{7}{10}$　　　　(2) $2\dfrac{1}{4} \times \dfrac{5}{9} \div 1\dfrac{7}{8}$

(3) $8 \times \dfrac{9}{20} \div 0.6$　　　　(4) $5.6 - 2.4 \times \dfrac{3}{8}$

解き方 (1) $\dfrac{3}{14} \times \dfrac{2}{5} \times \dfrac{7}{10} = \dfrac{3 \times 2 \times 7}{14 \times 5 \times 10} = \dfrac{3}{50}$　　**答え** $\dfrac{3}{50}$

(2) $2\dfrac{1}{4} \times \dfrac{5}{9} \div 1\dfrac{7}{8} = \dfrac{9}{4} \times \dfrac{5}{9} \div \dfrac{15}{8} = \dfrac{9 \times 5 \times 8}{4 \times 9 \times 15} = \dfrac{2}{3}$　　**答え** $\dfrac{2}{3}$

(3) $8 \times \dfrac{9}{20} \div 0.6 = \dfrac{8}{1} \times \dfrac{9}{20} \div \dfrac{6}{10} = \dfrac{8 \times 9 \times 10}{1 \times 20 \times 6} = 6$　　**答え** 6

(4) $5.6 - 2.4 \times \dfrac{3}{8} = \dfrac{56}{10} - \dfrac{24}{10} \times \dfrac{3}{8} = \dfrac{56}{10} - \dfrac{24 \times 3}{10 \times 8} = \dfrac{56}{10} - \dfrac{9}{10} = \dfrac{47}{10}$

答え $\dfrac{47}{10}\left(4\dfrac{7}{10}\right)$

重要 1　36 人のクラスで，めがねをかけている人の人数は，クラス全員の $\frac{2}{9}$ にあたります。めがねをかけている人は何人ですか。

ポイント　比べる量＝もとにする量×割合（わりあい）

解き方　$36 \times \dfrac{2}{9} = \dfrac{\overset{4}{36} \times 2}{\underset{1}{9}} = 8$（人）

答え　8 人

重要 2　1m の重さが 15.4g のロープがあります。このロープ $2\frac{1}{7}$m の重さは何 g ですか。

考え方　15.4 は $\frac{1}{10}$ が何個分か考えて，分数になおして計算します。

解き方　$15.4 \times 2\dfrac{1}{7} = \dfrac{154}{10} \times \dfrac{15}{7} = \dfrac{\overset{11}{\cancel{154}} \times \overset{3}{15}}{\underset{1}{10} \times \underset{1}{7}} = 33$（g）

答え　33g

3　右の図のような，底辺が $5\frac{5}{6}$cm，高さが $4\frac{1}{14}$cm の三角形の面積は，何 cm² ですか。

ポイント　三角形の面積＝底辺×高さ÷2

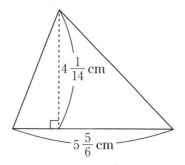

$4\frac{1}{14}$ cm

$5\frac{5}{6}$ cm

解き方　$5\dfrac{5}{6} \times 4\dfrac{1}{14} \div 2 = \dfrac{35}{6} \times \dfrac{57}{14} \div \dfrac{2}{1} = \dfrac{35}{6} \times \dfrac{57}{14} \times \dfrac{1}{2} = \dfrac{35 \times \overset{19}{57} \times 1}{\underset{2}{6} \times \underset{2}{14} \times 2} = \dfrac{95}{8}$（cm²）

答え　$\dfrac{95}{8}\left(11\dfrac{7}{8}\right)$cm²

容器 A，B には，それぞれ $\dfrac{14}{15}$ L，$\dfrac{7}{15}$ L の水が入っています。

(1) 容器 A に入っている水の量は，容器 B に入っている水の量の何倍
ですか。

(2) 容器 C に入っている水の量は，容器 B に入っている水の量の $\dfrac{5}{7}$ 倍
です。容器 C に入っている水の量は何 L ですか。

解き方 (1) $\dfrac{14}{15} \div \dfrac{7}{15} = \dfrac{\overset{2}{14} \times \overset{1}{15}}{\underset{1}{15} \times \underset{1}{7}} = 2$（倍）　　　　**答え** 2 倍

(2) $\dfrac{7}{15} \times \dfrac{5}{7} = \dfrac{\overset{1}{7} \times \overset{1}{5}}{\underset{3}{15} \times \underset{1}{7}} = \dfrac{1}{3}$（L）　　　　**答え** $\dfrac{1}{3}$ L

重要
5 長さが $\dfrac{5}{8}$ m で重さが $\dfrac{3}{4}$ kg の鉄の棒があります。この鉄の棒 1m の
重さは何 kg ですか。

考え方

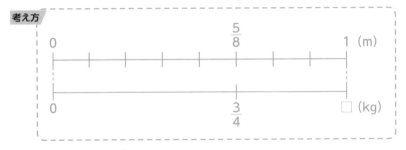

解き方 $\dfrac{3}{4} \div \dfrac{5}{8} = \dfrac{3 \times \overset{2}{8}}{\underset{1}{4} \times 5} = \dfrac{6}{5}$（kg）　　　　**答え** $\dfrac{6}{5}\left(1\dfrac{1}{5}\right)$ kg

重要
6 水そうに $4\dfrac{1}{2}$ L の水が入っています。これは水そうの容積の $\dfrac{7}{12}$ に
あたります。水そうの容積は何 L ですか。

ポイント もとにする量＝比べる量 ÷ 割合

解き方 $4\dfrac{1}{2} \div \dfrac{7}{12} = \dfrac{9}{2} \div \dfrac{7}{12} = \dfrac{9 \times \overset{6}{12}}{\underset{1}{2} \times 7} = \dfrac{54}{7}$（L）　　　　**答え** $\dfrac{54}{7}\left(7\dfrac{5}{7}\right)$ L

1 正解した人だけが次のクイズに進めるイベントで，3問のクイズが出題されました。1問めを正解した人数は参加者全体の $\frac{6}{7}$ で，2問めまで正解した人数は1問めを正解した人の $\frac{3}{4}$ で，3問とも正解した人数は2問めまで正解した人の $\frac{1}{2}$ でした。

(1) 3問とも正解した人数は参加者全体の何分の何ですか。分数で答えなさい。

(2) 3問とも正解した人数は36人です。参加者全体の人数は何人ですか。

ポイント (2)もとにする量＝比べる量÷割合

考え方 (1)(2問めまで正解した人数)＝(1問めを正解した人数)× $\frac{3}{4}$

(3問とも正解した人数)＝(2問めまで正解した人数)× $\frac{1}{2}$

解き方 (1) 1問めを正解した人は，参加者全体の $\frac{6}{7}$，

2問めまで正解した人は，1問めを正解した人の $\frac{3}{4}$，

3問とも正解した人は，2問めまで正解した人の $\frac{1}{2}$ だから，

$$\frac{6}{7} \times \frac{3}{4} \times \frac{1}{2} = \frac{6 \times 3 \times 1}{7 \times 4 \times 2} = \frac{9}{28}$$

答え $\frac{9}{28}$

(2) (1)より，3問とも正解した人は，参加者全体の $\frac{9}{28}$ だから，参加者全体の人数は，

$$36 \div \frac{9}{28} = 36 \times \frac{28}{9} = \frac{36 \times 28}{9} = 112(人)$$

答え 112人

答え：別冊 p.3 ～ p.4

重要 1 次の計算をしなさい。

(1) $\dfrac{7}{8} \times \dfrac{4}{5}$

(2) $3\dfrac{3}{4} \times 1\dfrac{1}{5}$

(3) $\dfrac{9}{28} \div \dfrac{12}{35}$

(4) $2\dfrac{1}{5} \div 1\dfrac{4}{5}$

(5) $\dfrac{5}{12} \times \dfrac{5}{6} \times \dfrac{3}{4}$

(6) $\dfrac{2}{5} \div 4 \times \dfrac{5}{8}$

(7) $3\dfrac{3}{8} \div 1.8 \div 1\dfrac{5}{7}$

(8) $\dfrac{1}{2} + 1.5 \times \dfrac{4}{5}$

重要 2 1L の重さが $1\dfrac{1}{4}$kg の液体があります。この液体 $2\dfrac{2}{15}$L の重さは何 kg ですか。

重要 3 A のテープは $2\dfrac{1}{4}$m です。次の問いに答えなさい。

(1) B のテープの長さは，A のテープの長さの $\dfrac{8}{15}$ 倍です。B のテープの長さは何 m ですか。

(2) C のテープは $\dfrac{3}{8}$m です。A のテープの長さは，C のテープの長さの何倍ですか。

重要

4 あゆみさんは，家から駅へ歩いて向かい，$2\dfrac{1}{3}$km 進みました。これは，家から駅までの道のりの $\dfrac{7}{9}$ にあたります。家から駅までの道のりは何 km ですか。

5 1m の重さが 1.6kg の棒(ぼう)があります。この棒について，次の問いに答えなさい。

(1) 長さが $\dfrac{5}{6}$m のとき，棒の重さは何 kg ですか。

(2) 重さが $2\dfrac{2}{5}$kg のとき，棒の長さは何 m ですか。

6 底辺が $5\dfrac{5}{7}$cm，高さが $2\dfrac{3}{8}$cm の平行四辺形の面積は，何 cm² ですか。

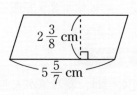

1-2 正の数，負の数

1 正の数，負の数

☑ チェック！

正の数…0より大きい数で，正の符号「＋」をつけることがあります。

負の数…0より小さい数で，負の符号「－」をつけます。

例1 0より3.5大きい数は，＋3.5です。

例2 0より$\frac{1}{3}$小さい数は，$-\frac{1}{3}$です。

テスト 次の数の中から，負の数をすべて選びなさい。

$$+3.6 \quad -2 \quad 0 \quad \frac{1}{8} \quad 0.4 \quad -4.8$$

答え -2，-4.8

☑ チェック！

原点…数直線上で，0が対応している点

絶対値…数直線上で，ある数に対応する点と原点との距離

例1 ＋6の絶対値は6，－6の絶対値も
6です。

例2 絶対値が2.5である数は，＋2.5と
－2.5です。

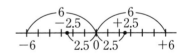

☑ チェック！

正の数は，絶対値が大きいほど，大きくなります。

負の数は，絶対値が大きいほど，小さくなります。

例1 ＋6と＋2.5では，絶対値が2.5＜6なので，＋2.5＜＋6です。

例2 －6と－2.5では，絶対値が2.5＜6なので，－6＜－2.5です。

テスト 次の数の中で，もっとも小さい数を選びなさい。

$$+2 \quad -2.9 \quad 0 \quad +\frac{13}{6} \quad -0.1$$

答え -2.9

2 正の数と負の数の計算

☑ **チェック!**

加法と減法の混じった計算

・かっこをはずした式にします。

・正の項，負の項をそれぞれまとめてから計算します。

例1　$(+11)+(-4)-(-6)-(+3)$ ┐ かっこをはずす

　　　$=11-4+6-3$ ┘ 正の項，負の項をそれぞれまとめる

　　　$=11+6-4-3$

　　　$=17-7$

　　　$=10$

☑ **チェック!**

乗法や除法の計算

負の数が偶数個のとき，答えの符号は「＋」となります。

負の数が奇数個のとき，答えの符号は「－」となります。

例1　$(-3)×5$ ┐ 負の数が1個だから「－」

　　　$=-(3×5)$ ┘

　　　$=-15$

テスト　$(-6)÷(-2)$を計算しなさい。　　　　　　　　**答え** 3

☑ **チェック!**

累乗…同じ数をいくつかかけたもの

指数…累乗で，かけた数の個数を指数といい，数の右上に小さく書きます。

例1　$2×2×2$を累乗の指数を使って表すと，2^3となります。

例2　$(-4)^2=(-4)×(-4)=16$

例3　$-4^3=-(4×4×4)=-64$

四則の混じった計算

かっこ　乗法　加法
累乗　　除法　減法
の順に計算します。

例1　$10+20÷(-2-3)$

　　$=10+20÷(-5)$ ⊏ かっこの中を計算する

　　$=10+(-4)$ ⊏ 除法を計算する

　　$=6$

例2　$14-2^2×(7-2)$

　　$=14-4×5$ ⊏ 累乗，かっこの中を計算する

　　$=14-20$ ⊏ 乗法を計算する

　　$=-6$

テスト　$-4÷(-2)+(-3)^2$ を計算しなさい。　　答え　11

3 素因数分解

自然数…1 以上の整数

素数…1 とその数の他に約数がない自然数を素数といいます。ただし，
　　　1 は素数としません。

素因数分解…自然数を素数だけの積で表すこと

例1　素数は，2，3，5，7，11，13，…といくらでもあります。

例2　42 の素因数分解は，素数でわることで考えることができます。

　　　$42÷2=21$

　　　$21÷3=7$

　　より，$42=2×3×7$ となります。

$$\begin{array}{r} 2)\overline{4\,2} \\ 3)\overline{2\,1} \\ \overline{7} \end{array}$$ ⊏ 商が素数になるまで
素数でわっていく

テスト　330 を素因数分解しなさい。　　答え　$2×3×5×11$

1 次の計算をしなさい。

(1) $-9+(+4)$　　　　　　　(2) $5+(-7)$

(3) $-6-(+2)$　　　　　　　(4) $-3-(-14)$

> ポイント かっこの前が＋のときは，符号はそのままにします。
> かっこの前が－のときは，符号を変えます。

解き方 (1) $-9+(\boxed{+4})$ ┐符号は
そのまま
　　　$=-9\boxed{+4}$ ┘
　　　$=-5$　　　答え -5

(2) $5+(\boxed{-7})$ ┐符号は
そのまま
　　$=5\boxed{-7}$ ┘
　　$=-2$　　　答え -2

(3) $-6-(\boxed{+2})$ ┐符号を
変える
　　　$=-6\boxed{-2}$ ┘
　　　$=-8$　　　答え -8

(4) $-3-(\boxed{-14})$ ┐符号を
変える
　　$=-3\boxed{+14}$ ┘
　　$=11$　　　答え 11

2 次の計算をしなさい。

(1) $8\times(-6)$　　　　　　　(2) $(-63)\div(-9)$

(3) $-3^2\times(-5)$　　　　　　(4) $(-4)^2\div(-2^3)$

> ポイント 負の数が偶数個のとき，積，商の符号は「＋」となります。
> 負の数が奇数個のとき，積，商の符号は「－」となります。

解き方 (1) $8\times(-6)$ ┐負の数が1個
だから「－」
　　　$=-(8\times6)$ ┘
　　　$=-48$　　　答え -48

(2) $(-63)\div(-9)$ ┐負の数が2個
だから「＋」
　　$=+(63\div9)$ ┘
　　$=7$　　　答え 7

(3) $-3^2\times(-5)$ ┐累乗を計算
　　　$=-9\times(-5)$ ┘
　　　$=45$　　　答え 45

(4) $(-4)^2\div(-2^3)$ ┐累乗を計算
　　$=16\div(-8)$ ┘
　　$=-2$　　　答え -2

重要

3 次の計算をしなさい。

(1) $4 \times (5-7)$

(2) $6 + 54 \div (-6)$

(3) $2 + \left(-\dfrac{2}{3}\right) \times 6$

(4) $5 - \dfrac{3}{4} \div \left(-\dfrac{1}{8}\right)$

(5) $3 - (-5)^2 \times 2$

(6) $(-3)^2 + (-6^2) \div 9$

解き方

(1) $4 \times (5-7)$ ┐かっこの中を
   　　　　　　　　　先に計算する
$= 4 \times (-2)$ ◄
$= -8$

答え -8

(2) $6 + 54 \div (-6)$ ┐除法を先に
   　　　　　　　　　計算する
$= 6 + (-9)$ ◄
$= -3$

答え -3

(3) $2 + \left(-\dfrac{2}{3}\right) \times 6$ ┐乗法を先に
   　　　　　　　　　計算する
$= 2 + (-4)$ ◄
$= -2$

答え -2

(4) $5 - \dfrac{3}{4} \div \left(-\dfrac{1}{8}\right)$ ┐除法を先に
   　　　　　　　　　計算する
$= 5 - (-6)$ ◄
$= 11$

答え 11

(5) $3 - (-5)^2 \times 2$ ┐累乗を計算
$= 3 - 25 \times 2$ ◄
   　　　　　　　　　┐乗法を計算
$= 3 - 50$ ◄
$= -47$

答え -47

(6) $(-3)^2 + (-6^2) \div 9$ ┐累乗を計算
$= 9 + (-36) \div 9$ ◄
   　　　　　　　　　┐除法を計算
$= 9 + (-4)$ ◄
$= 5$

答え 5

4 次の数を素因数分解して，累乗の指数を使って表しなさい。

(1) 150

(2) 594

ポイント 同じ数を2個以上かけるときは，累乗の指数を用いて表します。

解き方

(1)
```
2)1 5 0
 3)  7 5
  5)  2 5
        5
```
答え $2 \times 3 \times 5^2$

(2)
```
2)5 9 4
 3)2 9 7
  3)  9 9
   3)  3 3
        1 1
```
答え $2 \times 3^3 \times 11$

重要 1 自然数である 2 と 3 を 1 つずつ用いてできる加法，減法，乗法，除法の中で，計算結果が自然数の集合に含まれない式をすべて書きなさい。

解き方 2＋3＝5 …自然数　　　　3＋2＝5 …自然数

2－3＝－1 …自然数でない　　3－2＝1 …自然数

2×3＝6 …自然数　　　　3×2＝6 …自然数

$2÷3＝\dfrac{2}{3}$ …自然数でない　　$3÷2＝\dfrac{3}{2}$ …自然数でない

答え 2－3，2÷3，3÷2

重要 2 下の表は，ある週の月曜日から金曜日までの，図書室で貸し出された本の冊数をまとめたものです。60 冊を基準にして，それより多いときはその差を正の数で，少ないときはその差を負の数で表しています。

	月	火	水	木	金
基準との差(冊)	－5	＋3	－1	＋4	＋7

(1) 月曜日と木曜日の冊数の差を求め，絶対値で表しなさい。

(2) 5 日間で貸し出された本の冊数の平均は何冊ですか。

考え方 ⑵(本の冊数の平均)＝(基準の冊数)＋(基準との差の平均)

解き方 (1) （＋4）－（－5）＝9(冊)

答え 9 冊

(2) 基準との差の平均は，

{（－5）＋（＋3）＋（－1）＋（＋4）＋（＋7）}÷5＝1.6(冊)

よって，60＋1.6＝61.6(冊)

答え 61.6 冊

1 　あいこさんとお母さんは，折り紙を 10 枚ずつ持って，硬貨の出方にしたがって折り紙を移す遊びをしています。表が出たらあいこさんはお母さんから折り紙を 2 枚もらい，裏が出たらあいこさんはお母さんに折り紙を 1 枚渡します。

(1) 　硬貨を 5 回投げたところ，表が 2 回，裏が 3 回出ました。あいこさんの持っている折り紙の枚数は，何枚増えましたか。

(2) 　硬貨を 2 回投げたところ，表が 1 回，裏が 1 回出ました。さらに 3 回投げたあと，あいこさんの持っている折り紙が 8 枚になりました。3 回めから 5 回めの間に，表が出た回数は何回ですか。

考え方 　あいこさんが折り紙をもらうことを正の数，渡すことを負の数を使って表します。

解き方 (1) 　2 枚もらうのが 2 回，1 枚渡すのが 3 回なので，

$$2×2+(-1)×3=4-3=1（枚）$$

　　よって，あいこさんの持っている折り紙の枚数は，1 枚増えたことがわかる。

答え 　1 枚

(2) 　2 枚もらうのが 1 回，1 枚渡すのが 1 回なので，

$$2×1+(-1)×1=2-1=1（枚）$$

　　より，硬貨を 2 回投げたところで 1 枚増えて 11 枚となる。

　　硬貨を 5 回投げたあと，折り紙の枚数は 8 枚になっているから，

$$8-11=-3（枚）$$

　　より，3 回投げて 3 枚渡したことがわかる。

　　したがって，硬貨は 3 回とも裏が出ており，表が出た回数は 0 回となる。

答え 　0 回

答え：別冊 p.4 ～ p.5

重要
1 次の計算をしなさい。

(1) $-5-(-7)$

(2) $(-2)^3 \times 7$

(3) $(-4)^2 - 3^2$

(4) $9 + 15 \div (-3)$

重要
2 下の表は，A，B，C，D の 4 人の握力の記録をまとめたものです。30kg を基準にして，それより大きいときはその差を正の数で，小さいときはその差を負の数で表しています。次の問いに答えなさい。

	A	B	C	D
基準との差(kg)	+14	-9	+2	-11

(1) B と C の握力の差を求め，絶対値で表しなさい。

(2) 4 人の握力の平均は何 kg ですか。

3 下の式で，㋐，㋑には×か÷の記号，㋒には＋か－の記号が入ります。計算の結果がもっとも大きくなるようにするとき，㋐，㋑，㋒にあてはまる記号を，それぞれ書きなさい。

$$\left(-\frac{7}{8}\right) ㋐ \left(-\frac{3}{5}\right) ㋑ \left(㋒ \frac{11}{6}\right)$$

1-3 文字と式

1 文字を使った式

☑チェック！

文字式の表し方

乗法では，記号×を省き，$1 \times a$ は a，$(-1) \times a$ は $-a$ と書きます。

文字と数の積では，数を文字の前に書きます。

同じ文字の積は，累乗の指数を使って書きます。

除法では，記号÷を使わずに，分数の形で書きます。

例1　500円を出して，1本 x 円の鉛筆を4本買ったときのおつり

$$（おつり）＝\underline{（出した金額）}－\underline{（鉛筆1本の値段）}×\underline{（買った本数）}$$
$$\quad\quad\quad\quad 500円 \quad\quad\quad x円 \quad\quad\quad 4本$$

より，おつりは，$500 - x \times 4 = 500 - 4x$（円）と表されます。

テスト　1個50円のみかんを a 個と，1個120円のりんごを2個買ったときの代金を文字式で表しなさい。　答え $50a + 240$（円）

2 式の値

☑チェック！

代入…式の中の文字に数をあてはめること

式の値…式の中の文字に数を代入して計算した結果

例1　$a = -2$ のとき，$3a + 5$ の値

$$3 \times (-2) + 5$$
$$= -6 + 5 \quad \text{負の数を代入するときは，かっこをつける}$$
$$= -1$$

テスト　$x = -\dfrac{1}{3}$ のとき，$4 - 6x$ の値を求めなさい。　答え 6

3 文字式の計算

☑チェック!

式を簡単にする…文字式では，文字の部分が同じ項どうし，数の項どうしを，それぞれまとめることができます。

例1　$4x+1-(x+3)$　┐かっこを
　　$=4x+1-x-3$　┤はずす
　　　　　　　　　　└項をまとめる
　　$=3x-2$

例2　$5x\times(-3)$　┐かける順番を
　　$=5\times(-3)\times x$　┤変える
　　　　　　　　　　└係数を求める
　　$=-15x$

例3　$3(2x-7)$　┐分配法則 $m(a+b)=ma+mb$
　　$=3\times2x+3\times(-7)$　┤を使ってかっこをはずす
　　　　　　　　　　└係数を求める
　　$=6x-21$

テスト　次の計算をしなさい。

(1)　$3(4x-2)+7$

(2)　$\dfrac{2x-1}{3}+\dfrac{x}{2}$

答え　(1)　$12x+1$　(2)　$\dfrac{7x-2}{6}$

4 関係を表す式

☑チェック!

等式…等号を使って，2つの数量が等しい関係を表した式

不等式…不等号を使って，2つの数量の大小関係を表した式

例1　1個90円のりんごを x 個買ったときの代金が1000円より安いことを不等式で表すと，$90x<1000$ となります。

テスト　1冊150円のノートを a 冊買ったときの代金が750円であることを，等式で表しなさい。

答え　$150a=750$

1 次の数量を，文字式で表しなさい。

(1) 1個120gのボールがx個あるときの全体の重さ

(2) 底辺が4cm，高さが$a$cmの三角形の面積

考え方 (1)(全体の重さ)＝(ボール1個の重さ)×(ボールの個数)

(2)三角形の面積＝底辺×高さ÷2

解き方 (1) $120 \times x = 120x \, (\text{g})$

答え $120x \, (\text{g})$

(2) $4 \times a \div 2 = 2a \, (\text{cm}^2)$

答え $2a \, (\text{cm}^2)$

重要 2 $a = -3$のとき，次の式の値を求めなさい。

(1) $a + 2$　　(2) $-4a + 7$　　(3) $\dfrac{12}{a}$　　(4) $2a^2 - 5$

ポイント 負の数を代入するときは，かっこをつけます。

解き方 (1) $a + 2$

$= (-3) + 2$

$= -3 + 2$

$= -1$

答え -1

(2) $-4a + 7$

$= -4 \times (-3) + 7$

$= 12 + 7$

$= 19$

答え 19

(3) $\dfrac{12}{a}$

$= \dfrac{12}{-3}$

$= -4$

答え -4

(4) $2a^2 - 5$

$= 2 \times (-3)^2 - 5$

$= 2 \times 9 - 5$

$= 18 - 5$

$= 13$

答え 13

応用問題

重要
1 次の計算をしなさい。

(1) $2x+5-(x-6)$ 　　(2) $4(x-2)-2(3x-7)$

ポイント
・かっこの前の数や符号にしたがって，かっこをはずします。
・文字の部分が同じ項どうし，数の項どうしをまとめます。

解き方 (1) $2x+5-(x-6)$ ─── かっこをはずす
$=2x+5-x+6$ ─── 項をまとめる
$=x+11$

答え $x+11$

(2) $4(x-2)-2(3x-7)$ ─── 分配法則を使って
$=4x-8-6x+14$ ─── かっこをはずす
項をまとめる
$=-2x+6$

答え $-2x+6$

2 2000円を出して，1個 x 円のケーキを5個買い，100円の箱に入れてもらったところ，おつりがありました。このときの数量の関係を，不等式で表しなさい。

考え方 (品物の代金) < 2000

解き方 (品物の代金)＝(ケーキ1個の値段)×(買った個数)＋(箱の値段)
より，品物の代金は，$x×5+100=5x+100$(円)と表される。
　これが2000円より安いので，
$5x+100 < 2000$

答え $5x+100 < 2000$

1 　下の図のように，碁石を使って，正方形が並ぶ形を作ります。

(1) 正方形を 5 個作るとき，碁石は全部で何個必要ですか。

(2) 正方形を n 個作るとき，碁石は全部で何個必要ですか。n を用い
て表しなさい。

(3) 正方形を 100 個作るとき，碁石は全部で何個必要ですか。

考え方 　碁石の個数の増え方に注目して，規則を見つけます。

解き方 (1) 　碁石の個数は，1 個めの正方形を作るのに 16 個，2 個めの正方
形からは 1 個作るのに 11 個必要だから，正方形を 5 個作るのに
必要な碁石の個数は，

$$16+11\times(5-1)=60(個)$$

答え 60 個

(2) 　正方形の個数　　1　　　2　　　3　　$\cdots$　n（個）

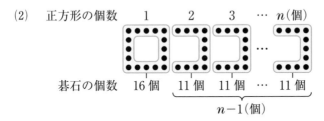

碁石の個数　　16 個　　11 個　11 個　$\cdots$　11 個

$n-1$（個）

上の図より，正方形を n 個作るのに必要な碁石の個数は，

$$16+11\times(n-1)=16+11n-11=11n+5$$

答え $11n+5$（個）

(3) 　$11n+5$ に $n=100$ を代入して，$11\times100+5=1105$（個）

答え 1105 個

答え：別冊 p.5 〜 p.6

 1 次の数量を，文字式で表しなさい。

(1) a 分かけて 2000m の道のりを走ったときの速さ

(2) 底辺が $6x$cm，高さが $x$cm の平行四辺形の面積

2 1辺が $a$cm，高さが $b$cm の正三角形があります。このとき，次の式はどのような数量を表していますか。

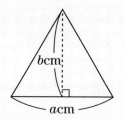

(1) $3a$　　(2) $\dfrac{1}{2}ab$

 3 $x=5$，$y=-2$ のとき，次の式の値を求めなさい。

(1) $-3x+4$　　(2) $\dfrac{12}{y}$　　(3) $x-y^2$

4 下の㋐〜㋓の中から，a と b に 0 以外のどのような数を代入しても，式の値がいつも正の数になるものをすべて選びなさい。

㋐ $a+b$　　　　㋑ a^2+b^2

㋒ $(-a)^2-(-b^2)$　　㋓ $-a^2+(-b^2)$

5 次の計算をしなさい。

(1) $8x+3+2(x-3)$　　(2) $5(x-4)-6(x-3)$

(3) $\dfrac{4x+1}{3}+\dfrac{3x-5}{2}$　　(4) $\dfrac{x-7}{6}-\dfrac{x-3}{9}$

1-4 1 次方程式

1 1 次方程式の解き方

☑ チェック!

1 次方程式の解き方

・分数，小数を含（ふく）むときは，整数になるようにします。

・かっこがあるときは，かっこをはずします。

・文字の項（こう）を左辺に，数の項を右辺に移項します。

・両辺をそれぞれ計算して，$ax=b$ の形にします。

・両辺を x の係数 a でわって，x の値を求めます。

例 1 分数を含む 1 次方程式

$$\frac{x+8}{6}=2+\frac{1}{4}x$$

$$\frac{x+8}{6}\times12=\left(2+\frac{1}{4}x\right)\times12$$

分数の分母の 6 と 4 の最小公倍数 12 を両辺にかけて分母をはらう

$$2(x+8)=24+3x$$

分配法則 $m(a+b)=ma+mb$ を使ってかっこをはずす

$$2x+16=24+3x$$

文字の項を左辺に，数の項を右辺に移項する

$$2x-3x=24-16$$

両辺の項をまとめて，$ax=b$ の形にする

$$-x=8$$

両辺を x の係数 -1 でわって，x の値を求める

$$x=-8$$

例 2 小数を含む 1 次方程式

$$0.17x-2.5=1.9+0.06x$$

両辺に 100 をかけて小数のない式にする

$$17x-250=190+6x$$

文字の項を左辺に，数の項を右辺に移項する

$$17x-6x=190+250$$

両辺の項をまとめて，$ax=b$ の形にする

$$11x=440$$

両辺を x の係数 11 でわって，x の値を求める

$$x=40$$

2 1次方程式の利用

方程式を使って問題を解く手順

・等式で表すことができる数量の関係を見つけます。

・適当な数量を x とおきます。

・x を用いて方程式をつくり，方程式を解きます。

例1 速さ，時間，道のりの問題

2地点A，Bの間を，行きは分速150m，帰りは分速200mで走ったところ，往復で28分かかりました。地点A，B間の道のりと，行きにかかった時間を求めるとき，上記の手順にしたがって，大きく2通りの方法が考えられます。

・等しい関係を見つける。

（行きの時間）＋（帰りの時間）

＝（往復の時間）

・どの数量を x にするか決める。

A，B間の道のりを xm とする。

・方程式をつくり，解く。

時間＝道のり÷速さ　なので，

$$\frac{x}{150}+\frac{x}{200}=28$$
$$x=2400$$

$2400 \div 150 = 16$

よって，

A，B間の道のりは2400m

行きにかかった時間は16分

・等しい関係を見つける。

（行きの道のり）

＝（帰りの道のり）

・どの数量を x にするか決める。

行きにかかった時間を x 分とする。

・方程式をつくり，解く。

道のり＝速さ×時間　なので，

$$150x=200(28-x)$$
$$x=16$$

$150 \times 16 = 2400$

よって，

A，B間の道のりは2400m

行きにかかった時間は16分

重要 1 次の方程式を解きなさい。

(1) $x-8=4x+7$

(2) $-8x+15=5x-11$

(3) $4(x+2)-3(2x+5)=5$

(4) $6-0.7x=0.5x$

(5) $2-\dfrac{2}{3}x=\dfrac{1}{2}x-5$

(6) $\dfrac{3x-2}{8}-\dfrac{x-5}{4}=3$

解き方 (1) $\quad x-8=4x+7$

$x-4x=7+8$

$-3x=15$

$x=-5$

答え -5

(2) $\quad -8x+15=5x-11$

$-8x-5x=-11-15$

$-13x=-26$

$x=2$

答え $x=2$

(3) $\quad 4(x+2)-3(2x+5)=5$

$4x+8-6x-15=5$

$4x-6x=5-8+15$

$-2x=12$

$x=-6$

答え $x=-6$

(4) $\quad 6-0.7x=0.5x$

$(6-0.7x)\times10=0.5x\times10$

$60-7x=5x$

$-7x-5x=-60$

$-12x=-60$

$x=5$

答え $x=5$

(5) $\quad 2-\dfrac{2}{3}x=\dfrac{1}{2}x-5$

$\left(2-\dfrac{2}{3}x\right)\times6=\left(\dfrac{1}{2}x-5\right)\times6$

$12-4x=3x-30$

$-4x-3x=-30-12$

$-7x=-42$

$x=6$

答え $x=6$

(6) $\quad \dfrac{3x-2}{8}-\dfrac{x-5}{4}=3$

$\left(\dfrac{3x-2}{8}-\dfrac{x-5}{4}\right)\times8=3\times8$

$3x-2-2(x-5)=24$

$3x-2-2x+10=24$

$3x-2x=24+2-10$

$x=16$

答え $x=16$

重要 1 1個140円のりんごと1個80円のみかんを合わせて12個買ったところ，代金は1260円でした。

(1) 買ったりんごの個数を x 個として，方程式をつくりなさい。

(2) 買ったりんごの個数は何個ですか。

考え方 みかんの個数を x を用いて表し，代金について方程式をつくります。

解き方 (1) みかんの個数は $12-x$（個）で，代金が1260円なので，

$140x+80(12-x)=1260$ **答え** $140x+80(12-x)=1260$

(2) (1)より，$140x+80(12-x)=1260$

これを解いて，$x=5$ **答え** 5個

重要 2 鉛筆を何人かの子どもに同じ本数ずつ配ります。1人に3本ずつ配ると15本あまり，4本ずつ配ると20本たりません。

(1) 子どもの人数を x 人として，x を求めるための方程式をつくりなさい。

(2) 鉛筆は何本ありますか。

考え方 2通りの配り方について，鉛筆の本数を x を用いて表します。

解き方 (1) 3本ずつ配ると15本あまるので，$3x+15$（本） …①

4本ずつ配ると20本たりないので，$4x-20$（本） …②

①，②はともに鉛筆の本数を表しているので，

$3x+15=4x-20$ **答え** $3x+15=4x-20$

(2) (1)より，$3x+15=4x-20$ これを解いて，$x=35$

よって，鉛筆の本数は，$3×35+15=120$（本） **答え** 120本

重要
3 家から16km離れた遊園地まで行きます。はじめは家の前からバスに乗り，遊園地の近くのバス停から遊園地まで歩いたところ，28分かかりました。バスの速さは時速50km，歩く速さは時速6kmで変わらないものとします。

(1) 歩いた道のりを $x$km として，x を求めるための方程式をつくりなさい。

(2) 歩いた道のりは何 km ですか。

解き方 (1) バスに乗った道のりは，$16-x$(km)

家から遊園地までかかった時間は，$\dfrac{28}{60}$ 時間なので，

$$\dfrac{16-x}{50}+\dfrac{x}{6}=\dfrac{28}{60}$$ **答え** $\dfrac{16-x}{50}+\dfrac{x}{6}=\dfrac{28}{60}$

(2) (1)より，$\dfrac{16-x}{50}+\dfrac{x}{6}=\dfrac{28}{60}$ これを解いて，$x=1$

よって，歩いた道のりは1km   **答え** 1km

4 右の図のように，マッチ棒を使って正方形が並ぶ図形をつくります。マッチ棒を250本使うとき，次の問いに答えなさい。

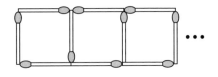

(1) できる正方形の個数を x 個として，x を求めるための方程式をつくりなさい。

(2) 正方形は何個できますか。

考え方 正方形を1個増やすのに必要なマッチ棒の本数に注意します。

解き方 (1) 1個めに使うマッチ棒の本数は4本，2個めからは正方形を1個増やすごとにマッチ棒を3本使うので，$4+3(x-1)=250$
となる。   **答え** $4+3(x-1)=250$

(2) (1)より，$4+3(x-1)=250$
これを解いて，$x=83$ **答え** 83 個

1 x についての方程式 $4x+1=3(x+a)$ の解が -7 のとき，a の値を求めなさい。

考え方 方程式の解が -7 なので，$x=-7$ のときに等式が成り立ちます。

解き方 $4x+1=3(x+a)$ に $x=-7$ を代入して，

$-28+1=3(-7+a)$

これを a についての方程式とみて，a の値を求めると，

$-27=-21+3a$ より，$3a=-6$ となり，$a=-2$　**答え** $a=-2$

2 妹が家を出発して 800m 離れた学校に向かって歩き出しました。しばらくして，妹の忘れ物に気づいた兄は，妹が学校に着く前に忘れ物を届けるために，走って妹を追いかけました。妹の歩く速さが分速50m，兄が走る速さが分速150m とします。

(1) 妹が家を出てから 4 分後に兄が追いかけ始めたとすると，兄は家を出てから何分後に妹に追いつきますか。

(2) 妹が家を出てから 12 分後に兄が追いかけ始めたとすると，兄は家を出てから何分後に妹に追いつきますか。

解き方 (1) 兄が家を出てから x 分後に追いつくとすると，

兄が進んだ道のり… $150x$ (m)，妹が進んだ道のり… $50(4+x)$ (m)

兄が妹に追いついたとき，2 人の進んだ道のりは等しいので，

$150x=50(4+x)$　これを解いて，$x=2$　**答え** 2分後

(2) (1)と同じように考えて，方程式をつくると，

$150x=50(12+x)$　これを解いて，$x=6$

これより，兄が移動した道のりは，

$150×6=900$ (m)

学校は家から 800m 離れたところにあるので，追いつけない。

答え 追いつけない。

答え：別冊 p.7 〜 p.9

重要 1 次の方程式を解きなさい。

(1) $5x+6=2x$

(2) $-4x+3=3x-11$

(3) $2(x+9)=-7x$

(4) $-6x=2x-5(3+x)$

(5) $0.1x-0.8=0.3x$

(6) $1.2x-1=0.4x-1.8$

(7) $\dfrac{1}{2}x+\dfrac{1}{3}=\dfrac{3}{4}x-\dfrac{1}{6}$

(8) $\dfrac{2x-5}{2}-\dfrac{x-2}{4}=4$

重要 2 1個 210 円のプリンと 1個 150 円のシュークリームを，シュークリームの個数がプリンの個数の 3倍より 2個少なくなるように買ったところ，代金の合計は 1680 円でした。次の問いに答えなさい。

(1) 買ったプリンの個数を x 個として，x を求めるための方程式をつくりなさい。

(2) 買ったプリンの個数は何個ですか。

3 まわりの長さが 192cm で，縦の長さが横の長さの $\dfrac{3}{5}$ 倍である長方形があります。次の問いに答えなさい。

(1) 横の長さを $x$cm として，x を求めるための方程式をつくりなさい。

(2) 長方形の面積は何 cm^2 ですか。

重要
4 パンが何個かあります。何人かの子どもに 4 個ずつ配ると 17 個あまり，5 個ずつ配ると 6 個たりません。次の問いに答えなさい。

(1) 子どもの人数を x 人として，x を求めるための方程式をつくりなさい。

(2) パンは何個ありますか。

重要
5 駅から 1800m 離れた家まで帰ります。はじめは分速 60m で歩いていましたが，雨が降りそうになったので，途中から分速 180m で走ると，駅から家まで 18 分かかりました。次の問いに答えなさい。

(1) 歩いた時間を x 分として，x を求めるための方程式をつくりなさい。

(2) 歩いた時間は何分ですか。

6 ある中学校の昨年の生徒数は男女合わせて 310 人でした。今年は，男子が 5 ％増え，女子が 4 ％減ったので，全体で 2 人増えました。次の問いに答えなさい。

(1) 昨年の男子の生徒数を x 人として，x を求めるための方程式をつくりなさい。

(2) 今年の男子の生徒数は何人ですか。

1-5 式の計算

1 文字式の計算

☑ チェック！

多項式の加法・減法

文字の部分が同じ項(同類項)をそれぞれまとめます。

例1　$5x-7y-3x+4y$　┐同類項をそれぞれまとめる
　　$=2x-3y$

例2　$2(x-3y)-3(x+4y)$　←分配法則 $m(a+b)=ma+mb$
　　　　　　　　　　　　　　を使ってかっこをはずす
　　$=2x-6y-3x-12y$　┐同類項をそれぞれまとめる
　　$=-x-18y$

例3　$\dfrac{2x-y}{3}-\dfrac{x-2y}{4}$　3 と 4 の最小公倍数は 12 なので,
　　　　　　　　　　　　分母を 12 にそろえる

　　$=\dfrac{4(2x-y)}{12}-\dfrac{3(x-2y)}{12}$

　　$=\dfrac{4(2x-y)-3(x-2y)}{12}$

　　$=\dfrac{8x-4y-3x+6y}{12}$　┐同類項をそれぞれまとめる

　　$=\dfrac{5x+2y}{12}$

テスト 次の計算をしなさい。

(1)　$4(x+5y)-5(2x+3y)$ 　　(2)　$\dfrac{2x-3y}{5}-\dfrac{x-2y}{3}$

答え (1)　$-6x+5y$ 　(2)　$\dfrac{x+y}{15}$

☑ **チェック!**

単項式の乗法・除法

乗法では，係数の積に文字の積をかけます。

除法では，分数の形に表して，約分します。

例 1　$4xy^2 \times (-3x)^2$　┐ 累乗の計算を

　　$= 4xy^2 \times 9x^2$　└ 先にする

　　$= 4 \times 9 \times xy^2 \times x^2$

　　$= 36x^3y^2$

例 2　$56x^2y \div (-8xy)$

　　$= -\dfrac{56x^2y}{8xy}$

　　$= -7x$

テスト　$6x^2 \times 3y \div 2xy$ を計算しなさい。　　　　答え　$9x$

2 式の値

☑ **チェック!**

式の値の求め方

・式を簡単にしてから代入します。

・負の数を代入するときは，かっこをつけます。

例 1　$x = 3$，$y = -2$ のとき，$x + 3y - 5x - 6y$ の値は，

　　$x + 3y - 5x - 6y = -4x - 3y$ より，$-4 \times 3 - 3 \times (-2) = -6$

3 等式の変形

☑ **チェック!**

与えられた等式を x を求める形（$x = \boxed{}$ の形）に変形することを，

x について解くといいます。

例 1　等式 $3x - 4y = 7$ を x について解くと，

　　$3x - 4y = 7$　　┐ $-4y$ を右辺に移項する

　　$3x = 4y + 7$　　┘

　　$x = \dfrac{4y + 7}{3}$　┘ 両辺を x の係数 3 でわる

重要
1 次の計算をしなさい。

(1) $3x-4y-x+7y$

(2) $5x-2y-4(x-3y)$

(3) $2(3x-y)+3(4x+3y)$

(4) $3(2x-y)-2(5x-4y)$

考え方 分配法則を使ってかっこをはずし，同類項をまとめます。

解き方 (1) $3x-4y-x+7y$

$=3x-x-4y+7y$

$=2x+3y$

答え $2x+3y$

(2) $5x-2y-4(x-3y)$

$=5x-2y-4x+12y$

$=5x-4x-2y+12y$

$=x+10y$

答え $x+10y$

(3) $2(3x-y)+3(4x+3y)$

$=6x-2y+12x+9y$

$=6x+12x-2y+9y$

$=18x+7y$

答え $18x+7y$

(4) $3(2x-y)-2(5x-4y)$

$=6x-3y-10x+8y$

$=6x-10x-3y+8y$

$=-4x+5y$

答え $-4x+5y$

重要
2 次の計算をしなさい。

(1) $8xy^2\times(-6x)$

(2) $(-6x^2y)^2$

(3) $-35x^3\div(-7x^2)$

考え方 (1)(2)係数と文字に分けて計算します。

解き方 (1) $8xy^2\times(-6x)$

$=-48\times xy^2\times x$

$=-48x^2y^2$

答え $-48x^2y^2$

(2) $(-6x^2y)^2$

$=(-6x^2y)\times(-6x^2y)$

$=36x^2y\times x^2y$

$=36x^4y^2$

答え $36x^4y^2$

(3) $-35x^3\div(-7x^2)$

$=\dfrac{35x^3}{7x^2}$

$=5x$

答え $5x$

重要 3 $a=2$，$b=-3$ のとき，次の式の値を求めなさい。

(1) $2a+b-5a-2b$

(2) $-12a^3b^2 \div 4ab$

(3) $0.2a-1.4(3a+5b)$

考え方 式を簡単にしてから代入します。

解き方
(1) $2a+b-5a-2b$
$=-3a-b$ ← 式を簡単にする
$=-3\times\boxed{2}-\boxed{(-3)}$ ← 文字に値を代入する
$=-6+3$
$=-3$ **答え** -3

(2) $-12a^3b^2 \div 4ab$
$=-3a^2b$
$=-3\times\boxed{2}^2\times\boxed{(-3)}$
$=-3\times4\times\boxed{(-3)}$
$=36$ **答え** 36

(3) $0.2a-1.4(3a+5b)$
$=0.2a-4.2a-7b$
$=-4a-7b$
$=-4\times\boxed{2}-7\times\boxed{(-3)}$
$=-8+21$
$=13$ **答え** 13

重要 4 次の問いに答えなさい。

(1) 等式 $2a-b=5$ を b について解きなさい。

(2) 等式 $m=\dfrac{a+b}{2}$ を a について解きなさい。

考え方 (2)解きたい文字が左辺にくるように，両辺を入れかえます。

解き方
(1) $2a-b=5$
$-b=-2a+5$
$b=2a-5$
答え $b=2a-5$

(2) $m=\dfrac{a+b}{2}$
$\dfrac{a+b}{2}=m$ ← 両辺を入れかえる
$a+b=2m$
$a=-b+2m$
答え $a=-b+2m$

重要 1 次の計算をしなさい。

(1) $\dfrac{1}{7}(6a-5b)-\dfrac{1}{2}(a-b)$

(2) $\dfrac{5a-3b}{4}-\dfrac{3a-b}{6}$

考え方 (2) 4 と 6 の最小公倍数は 12 なので，分母を 12 にそろえます。

解き方

(1) $\dfrac{1}{7}(6a-5b)-\dfrac{1}{2}(a-b)$

$=\dfrac{6}{7}a-\dfrac{5}{7}b-\dfrac{1}{2}a+\dfrac{1}{2}b$

$=\dfrac{6}{7}a-\dfrac{1}{2}a-\dfrac{5}{7}b+\dfrac{1}{2}b$

$=\dfrac{12}{14}a-\dfrac{7}{14}a-\dfrac{10}{14}b+\dfrac{7}{14}b$

$=\dfrac{5}{14}a-\dfrac{3}{14}b$

答え $\dfrac{5}{14}a-\dfrac{3}{14}b$

(2) $\dfrac{5a-3b}{4}-\dfrac{3a-b}{6}$

$=\dfrac{3(5a-3b)}{12}-\dfrac{2(3a-b)}{12}$

$=\dfrac{3(5a-3b)-2(3a-b)}{12}$

$=\dfrac{15a-9b-6a+2b}{12}$

$=\dfrac{9a-7b}{12}$

答え $\dfrac{9a-7b}{12}$

重要 2 次の計算をしなさい。

(1) $-2xy\times3y\times5xy^2$

(2) $-4x^2\times6y^3\div8xy$

(3) $7xy\div(-14y^2)\times10x^2y$

(4) $-24x^2y^3\div(-6xy)\div2y^2$

解き方

(1) $-2xy\times3y\times5xy^2$

$=-30\times xy\times y\times xy^2$

$=-30x^2y^4$ **答え** $-30x^2y^4$

(2) $-4x^2\times6y^3\div8xy$

$=-\dfrac{4x^2\times6y^3}{8xy}$

$=-3xy^2$ **答え** $-3xy^2$

(3) $7xy\div(-14y^2)\times10x^2y$

$=-\dfrac{7xy\times10x^2y}{14y^2}$

$=-5x^3$ **答え** $-5x^3$

(4) $-24x^2y^3\div(-6xy)\div2y^2$

$=\dfrac{24x^2y^3}{6xy\times2y^2}$

$=2x$ **答え** $2x$

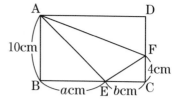

重要

③ 右の図のように，長方形 ABCD の辺 BC 上に点 E，辺 CD 上に点 F をそれぞれとります。AB=10cm，BE=$a$cm，CE=$b$cm，CF=4cm です。

(1) △AEF の面積を S とします。S を a，b を用いたもっとも簡単な式で表しなさい。

(2) (1)の式を a について解きなさい。

解き方 (1) 長方形の面積は，$10 \times (a+b) = 10a + 10b$

　　　　△ABE の面積は，$\dfrac{1}{2} \times a \times 10 = 5a$

　　　　△FEC の面積は，$\dfrac{1}{2} \times b \times 4 = 2b$

　　　　△AFD の面積は，$\dfrac{1}{2} \times (10-4) \times (a+b) = 3a + 3b$

　　　　よって，$S = 10a + 10b - \{5a + 2b + (3a+3b)\} = 2a + 5b$

　　　　答え $S = 2a + 5b$

(2) $S = 2a + 5b$ の両辺を入れかえて，$2a + 5b = S$

　　　$5b$ を移項すると，$2a = S - 5b$，両辺を 2 でわって，$a = \dfrac{S-5b}{2}$

　　　答え $a = \dfrac{S-5b}{2}$

④ 2 けたの自然数と，その数の十の位の数と一の位の数を入れかえた数の和が 11 の倍数であることを，説明しなさい。

解き方 2 けたの自然数の位の数をそれぞれ文字で表して，式を変形する。

答え 2 けたの自然数の十の位の数を a，一の位の数を b とすると，2 けたの自然数は $10a+b$，十の位の数と一の位の数を入れかえた数は $10b+a$ と表される。これらの和は，

$$(10a+b) + (10b+a) = 11a + 11b$$
$$= 11(a+b)$$

$a+b$ は自然数だから，$11(a+b)$ は 11 の倍数である。

よって，2 けたの自然数と，その数の十の位の数と一の位の数を入れかえた数の和は，11 の倍数である。

1 底面が1辺 $a$cm の正方形で，高さが $b$cm の直方体Aがあります。

(1) 直方体Aの体積は何 cm³ ですか。a，b を用いた式で表しなさい。

(2) 直方体Aの底面の1辺の長さを2倍，高さを $\frac{1}{2}$ 倍にした直方体Bが

あります。直方体Bの体積は，直方体Aの体積の何倍ですか。

解き方 (1) $a \times a \times b = a^2 b$ (cm³) 　　　**答え** $a^2 b$ (cm³)

(2) 直方体Bの底面の1辺は $2a$(cm)，

高さは，$b \times \frac{1}{2} = \frac{b}{2}$(cm) なので，

体積は，$2a \times 2a \times \frac{b}{2} = 2a^2 b$ (cm³)

よって，直方体Bの体積は，直方体Aの体積の

$2a^2 b \div a^2 b = 2$(倍) 　　　**答え** 2倍

2 右の図はある月のカレンダーです。図のように斜めに並んだ3つの数の和が3の倍数になることを左上の数を n として説明しなさい。

日	月	火	水	木	金	土
1	2	3	4	5	6	7
8	9	10	11	12	13	14
15	16	17	18	19	20	21
22	23	24	25	26	27	28
29	30	31				

解き方 数は左上から右下に向かって8ずつ大きくなっている。

答え 左上の数を n とすると，斜めに並んだ3つの数は，

n，$n+8$，$n+16$ と表される。これらの和は，

$n+(n+8)+(n+16)=3n+24$

$=3(n+8)$

$n+8$ は整数なので，$3(n+8)$ は3の倍数である。

よって，斜めに並んだ3つの数の和は，3の倍数になる。

重要
1 次の計算をしなさい。

(1) $(2x+y)-(3x-2y)$

(2) $\left(\dfrac{1}{2}x+\dfrac{1}{4}y\right)+\left(\dfrac{2}{5}x-\dfrac{3}{4}y\right)$

(3) $3(2x-5y)-2(7x-3y)$

(4) $\dfrac{1}{2}(3x-y)+\dfrac{3}{4}(x-2y)$

(5) $\dfrac{3x-7y}{8}+\dfrac{2x+y}{4}$

(6) $\dfrac{5x-y}{9}-\dfrac{x-2y}{6}$

重要
2 次の計算をしなさい。

(1) $9xy\times(-2x)^2$

(2) $36x^3y^2\div(-9xy)\div(-2x)$

重要
3 $x=3$，$y=-4$ のとき，次の式の値を求めなさい。

(1) $5(2x+y)-2(x-4y)$

(2) $15x^3y\div3x^2$

重要
4 次の問いに答えなさい。

(1) 等式 $3a+5b=7c$ を b について解きなさい。

(2) 等式 $\ell=2(a+b)$ を a について解きなさい。

5 右の図のように，底辺が $a$cm，
高さが $b$cm の平行四辺形 A が
あります。次の問いに答えなさ
い。

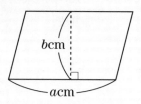

(1) 平行四辺形 A の面積は何 cm^2 ですか。a，b を用い
た式で表しなさい。

(2) 平行四辺形 A の底辺と高さをそれぞれ 3 倍にした平
行四辺形 B があります。平行四辺形 B の面積は，平行
四辺形 A の面積の何倍ですか。

連立方程式

1 連立方程式の解き方

✓ チェック！

加減法…左辺どうし，右辺どうしをたすかひくかして，文字が 1 つの
方程式をつくる方法

例1
$$\begin{cases} 3x+2y=-6 & \cdots① \\ 5x-y=16 & \cdots② \end{cases}$$

$$\begin{array}{r} 3x+2y=-6 \\ +)\ 10x-2y=32 \\ \hline 13x=26 \\ x=2 \end{array}$$ ←②を 2 倍して，y の係数をそろえる

$x=2$ を②に代入して，$5×2-y=16$

$$y=-6$$

よって，連立方程式の解は，$x=2$，$y=-6$

✓ チェック！

代入法…一方の式を他方の式に代入して，文字が 1 つの方程式をつく
る方法

例1
$$\begin{cases} y=x+2 & \cdots① \\ 5x-3y=-8 & \cdots② \end{cases}$$

①を②に代入して，

$5x-3\boxed{(x+2)}=-8$ ←式を代入するときはかっこをつける

$5x-3x-6=-8$

$2x=-2$

$x=-1$

$x=-1$ を①に代入して，$y=-1+2=1$

よって，連立方程式の解は，$x=-1$，$y=1$

$A=B=C$ の形の方程式

$$\begin{cases} A=C \\ B=C \end{cases} \quad \begin{cases} A=B \\ A=C \end{cases} \quad \begin{cases} A=B \\ B=C \end{cases}$$ のいずれかの形になおして解きます。

例1 方程式 $x+3y=5x-3y=9$ は，$\begin{cases} x+3y=9 \\ 5x-3y=9 \end{cases}$ の形になおせます。

これを解いて，$x=3$，$y=2$

2 連立方程式の利用

連立方程式を使って問題を解く手順

・わからない数量が2つのときは，文字が2つの方程式をつくります。

・方程式を2つつくり，連立方程式として，それを解きます。

例1 割合に関する問題

人数が 35 人のクラスで，男子の 20 ％と女子の 40 ％はめがねをかけていて，その合計は 10 人です。めがねの男子と女子の人数を求めるとき，上記の手順にしたがって，大きく2通りの方法が考えられます。

・文字で表す数量を決める。	・文字で表す数量を決める。
男子全員の人数を x 人，女子全員の人数を y 人とする。	めがねの男子の人数を x 人，めがねの女子の人数を y 人とする。
・方程式を2つつくり，解く。	・方程式を2つつくり，解く。

$$\begin{cases} x+y=35 \\ \dfrac{20}{100}x+\dfrac{40}{100}y=10 \end{cases}$$

$x=20$，$y=15$ となり，

$20\times0.2=4$，$15\times0.4=6$

よって，めがねの男子は4人

めがねの女子は6人

$$\begin{cases} x+y=10 \\ \dfrac{100}{20}x+\dfrac{100}{40}y=35 \end{cases}$$

$x=4$，$y=6$ となる。

よって，めがねの男子は4人

めがねの女子は6人

基本問題

重要 **1** 次の連立方程式を解きなさい。

(1) $\begin{cases} -3x+4y=10 \\ 2x-y=-5 \end{cases}$　　　(2) $\begin{cases} y=3x-9 \\ x+2y=-4 \end{cases}$

考え方

(1)下の式の両辺を 4 倍して，y の係数をそろえます。

(2) $y=\boxed{}$ の式があるので，代入法で解きます。

解き方 (1) $\begin{cases} -3x+4y=10 & \cdots① \\ 2x-y=-5 & \cdots② \end{cases}$

①＋②×4 より，

$$\begin{array}{r} -3x+4y=10 \\ +)\quad 8x-4y=-20 \\ \hline 5x=-10 \\ x=-2 \end{array}$$

両辺を
5 でわる

y が消去される

$x=-2$ を②に代入して，

$2×(-2)-y=-5$

$-4-y=-5$

$-y=-1$

$y=1$

答え $x=-2$ ，$y=1$

(2) $\begin{cases} y=3x-9 & \cdots① \\ x+2y=-4 & \cdots② \end{cases}$

①を②に代入して，y を消去する。

$x+2(3x-9)=-4$

$x+6x-18=-4$

分配法則を
使う

$7x=14$

$x=2$

両辺を
7 でわる

$x=2$ を①に代入して，

$y=3×2-9$

$=-3$

答え $x=2$ ，$y=-3$

2 次の連立方程式を解きなさい。

(1) $\begin{cases} 2x-5y=8 \\ 3x-4y=5 \end{cases}$

(2) $6x+5y=-2x-7y=-8$

考え方

(1) 2つの式の両辺をそれぞれ何倍かして，x の係数をそろえます。

(2) $A=B=C$ の形を，$\begin{cases} A=C \\ B=C \end{cases}$ の形になおして解きます。

解き方 (1) $\begin{cases} 2x-5y=8 & \cdots① \\ 3x-4y=5 & \cdots② \end{cases}$

①×3−②×2 より，

$$\begin{array}{r} 6x-15y=24 \\ -)\ 6x-\ 8y=10 \\ \hline -\ 7y=14 \\ y=-2 \end{array}$$

$y=-2$ を①に代入して，

$2x-5\times(-2)=8$

$2x+10=8$

$2x=-2$

$x=-1$

答え $x=-1$，$y=-2$

(2) $\begin{cases} 6x+5y=-8 & \cdots① \\ -2x-7y=-8 & \cdots② \end{cases}$ になおして，加減法で解く。

①+②×3 より，

$$\begin{array}{r} 6x+\ 5y=-8 \\ +)-6x-21y=-24 \\ \hline -16y=-32 \\ y=2 \end{array}$$

$y=2$ を①に代入して，

$6x+5\times2=-8$

$6x+10=-8$

$6x=-18$

$x=-3$

答え $x=-3$，$y=2$

重要
3 次の連立方程式を解きなさい。

(1) $\begin{cases} \dfrac{1}{2}x - \dfrac{1}{3}y = 1 \\ x + 2y = 10 \end{cases}$ (2) $\begin{cases} 0.3x - 0.2y = -2 \\ 2x - y = -11 \end{cases}$

考え方

(1)上の式の両辺に分母の最小公倍数 6 をかけて，係数を整数にします。

(2)上の式の両辺に 10 をかけて，係数を整数にします。

解き方 (1) $\begin{cases} \dfrac{1}{2}x - \dfrac{1}{3}y = 1 & \cdots ① \\ x + 2y = 10 & \cdots ② \end{cases}$

①×6 より，$3x - 2y = 6$ $\cdots ①'$

①′+② より，

$$\begin{array}{r} 3x - 2y = 6 \\ +)\ x + 2y = 10 \\ \hline 4x\qquad = 16 \\ x\qquad = 4 \end{array}$$

$x = 4$ を②に代入して，

$4 + 2y = 10$

$2y = 6$

$y = 3$

答え $x = 4$，$y = 3$

(2) $\begin{cases} 0.3x - 0.2y = -2 & \cdots ① \\ 2x - y = -11 & \cdots ② \end{cases}$

①×10 より，$3x - 2y = -20$ $\cdots ①'$

①′-②×2 より，

$$\begin{array}{r} 3x - 2y = -20 \\ -)\ 4x - 2y = -22 \\ \hline -x\qquad = 2 \\ x\qquad = -2 \end{array}$$

$x = -2$ を②に代入して，

$2 \times (-2) - y = -11$

$-4 - y = -11$

$-y = -7$

$y = 7$

答え $x = -2$，$y = 7$

1 1個240円のももと1個130円のりんごを合わせて12個買って，代金として2000円払いました。

(1) ももを x 個，りんごを y 個買ったとして，x，y を求めるための連立方程式をつくりなさい。

(2) ももとりんごをそれぞれ何個買いましたか。

考え方
(ももの個数)＋(りんごの個数)＝12(個)
(ももの代金)＋(りんごの代金)＝2000(円)

解き方 (1) ももとりんごを合わせて12個買ったので，

$$\underset{\text{ももの個数 \ りんごの個数}}{x+y=12} \quad \cdots ①$$

代金は2000円なので，

$$\underset{\text{ももの代金 \ りんごの代金}}{240x+130y=2000} \quad \cdots ②$$

答え $\begin{cases} x+y=12 \\ 240x+130y=2000 \end{cases}$

(2) (1)で求めた連立方程式で，②の両辺を10でわって，

$$24x+13y=200 \quad \cdots ②' \quad \leftarrow \text{両辺を10でわると，簡単になる}$$

①×13－②′より，

$$\begin{array}{r} 13x+13y=156 \\ -)\ \ 24x+13y=200 \\ \hline -11x=-44 \\ x=4 \end{array}$$

$x=4$ を①に代入して，$4+y=12$

$$y=8$$

答え もも…4個　りんご…8個

重要 2 家から 1620m 離（はな）れた公園に行くのに，途中（とちゅう）の本屋までは分速 80m の速さで歩き，本屋から公園までは分速 150m の速さで走ったところ，全体で 15 分かかりました。

(1) 家から本屋までの道のりを xm，本屋から公園までの道のりを ym として，x，y を求めるための連立方程式をつくりなさい。

(2) 家から本屋までの道のり，本屋から公園までの道のりはそれぞれ何 m ですか。

考え方

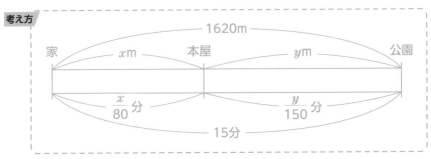

解き方 (1) 家から公園までの道のりは 1620m なので，

$$x + y = 1620 \quad \cdots ①$$

家から本屋まで　本屋から公園まで
の道のり　　　　　の道のり

歩いた時間と走った時間を合わせると 15 分なので，

$$\frac{x}{80} + \frac{y}{150} = 15 \quad \cdots ②$$

歩いた時間　走った時間

答え
$$\begin{cases} x + y = 1620 \\ \dfrac{x}{80} + \dfrac{y}{150} = 15 \end{cases}$$

(2) (1)で求めた連立方程式で，②の両辺に 1200 をかけて，

$$15x + 8y = 18000 \quad \cdots ②'$$

①×8−②′ より，

$$\begin{array}{r} 8x + 8y = 12960 \\ -)\ 15x + 8y = 18000 \\ \hline -7x = -5040 \\ x = 720 \end{array}$$

$x = 720$ を①に代入して，

$$720 + y = 1620$$
$$y = 900$$

答え 家から本屋まで… 720m　本屋から公園まで… 900m

58

3 ひとみさんのクラスの人数は 38 人です。このうち，男子の 50 % と
女子の 40 % が自転車で通学していて，その合計は 17 人です。

(1) 男子の人数を x 人，女子の人数を y 人として，x，y を求めるため
の連立方程式をつくりなさい。

(2) 男子と女子の人数はそれぞれ何人ですか。

考え方

	男子	女子	合計
クラスの人数	x	y	38
自転車通学の人数	$\frac{50}{100}x$	$\frac{40}{100}y$	17

解き方 (1) クラスの人数は 38 人なので，

$$\underset{\text{男子の人数}}{x} + \underset{\text{女子の人数}}{y} = 38 \quad \cdots ①$$

自転車通学をしている男子の人数は，$\frac{50}{100}x$（人）

自転車通学をしている女子の人数は，$\frac{40}{100}y$（人）

自転車通学をしているのは 17 人なので，

$$\frac{50}{100}x + \frac{40}{100}y = 17 \quad \cdots ②$$

答え $\begin{cases} x + y = 38 \\ \dfrac{50}{100}x + \dfrac{40}{100}y = 17 \end{cases}$

(2) (1)で求めた連立方程式について，②の両辺を 10 倍して，

$$5x + 4y = 170 \quad \cdots ②'$$ ←両辺を 10 倍すると，
係数が整数になる

①×5－②′ より，

$$\begin{array}{r} 5x + 5y = 190 \\ -)\ 5x + 4y = 170 \\ \hline y = 20 \end{array}$$

$y = 20$ を①に代入して，$x + 20 = 38$

$$x = 18$$

答え 男子…18 人　女子…20 人

1 x, y についての連立方程式 $\begin{cases} ax+by=-1 \\ bx-ay=18 \end{cases}$ の解が $x=4$, $y=-3$

であるとき，a，b の値^{あたい}を求めなさい。

考え方

$x=4$，$y=-3$ を連立方程式に代入して，a，b についての
連立方程式を解きます。

解き方 $x=4$，$y=-3$ を代入すると，$\begin{cases} 4a-3b=-1 \\ 3a+4b=18 \end{cases}$

これを解いて，$a=2$，$b=3$

答え $a=2$，$b=3$

2 みさきさんとたかしさんは，1 周 1350m のジョギングコースを同じ地点から同時に出発し，一定の速さで走ります。2 人が反対方向に走ると，出発してから 5 分後に出会います。同じ方向に走ると，出発してから 45 分後にたかしさんがみさきさんにはじめて追いつきます。このとき，みさきさんとたかしさんの走る速さは，それぞれ分速何 m ですか。

考え方

5 分で 2 人合わせて 1350m 進むことと，45 分でたかしさんが
みさきさんより 1350m 長く進むことを式にします。

解き方 みさきさんの速さを分速 xm，たかしさんの速さを分速 ym とする。

出発してから 5 分後に出会ったので，$5x+5y=1350$ …①
　　　　　　　　　　　　　　　　　　進んだ道のりの和

出発してから 45 分後にたかしさんがみさきさんにはじめて追いついたので，$45y-45x=1350$ …②
　　　　　　　進んだ道のりの差

①，②の連立方程式を解いて，$x=120$，$y=150$

答え みさきさん…分速 120m　たかしさん…分速 150m

重要 1 次の連立方程式を解きなさい。

(1) $\begin{cases} -x+2y=-10 \\ 3x-5y=27 \end{cases}$ (2) $\begin{cases} y=x-3 \\ 3x-4y=6 \end{cases}$

(3) $\begin{cases} y=3x-5 \\ y=5x-7 \end{cases}$ (4) $2x+7y=-x-5y=-1$

(5) $\begin{cases} -2x+3y=13 \\ \dfrac{1}{9}x+\dfrac{1}{6}y=\dfrac{5}{18} \end{cases}$ (6) $\begin{cases} 4(2x-y)=x+2 \\ 0.3x+0.4y=1.8 \end{cases}$

重要 2 ある博物館の入館料は，大人 3 人と子ども 4 人では 4300 円になり，大人 2 人と子ども 6 人では 4200 円になります。次の問いに答えなさい。

(1) 大人 1 人の入館料を x 円，子ども 1 人の入館料を y 円として，x，y を求めるための連立方程式をつくりなさい。

(2) 大人 1 人と子ども 1 人の入館料は，それぞれ何円ですか。

重要 3 450 人を，40 人乗りの大型バスと 18 人乗りの小型バスに乗せたところ，合わせて 14 台で，ちょうど全員乗ることができました。次の問いに答えなさい。

(1) 大型バスの台数を x 台，小型バスの台数を y 台として，x，y を求めるための連立方程式をつくりなさい。

(2) 大型バスと小型バスの台数は，それぞれ何台ですか。

4　ひろみさんは，家から学校までの 1.2km の道のりを，はじめは分速 50m の速さで歩いていましたが，遅れそうになったので，途中から分速 100m の速さで走ったところ，19 分で学校に着きました。次の問いに答えなさい。

(1)　歩いた道のりを xm，走った道のりを ym として，x，y を求めるための連立方程式をつくりなさい。

(2)　歩いた道のりと走った道のりは，それぞれ何 m ですか。

5　さとしさんの学校の生徒数は，昨年は男子と女子合わせて 670 人でした。今年は，男子が 10 ％減り，女子が 10 ％増えたので，合わせて 667 人になりました。次の問いに答えなさい。

(1)　昨年の男子の人数を x 人，女子の人数を y 人として，x，y を求めるための連立方程式をつくりなさい。

(2)　今年の男子と女子の人数は，それぞれ何人ですか。

6　濃度が 10 ％の食塩水と濃度が 4 ％の食塩水を混ぜて，濃度が 6 ％の食塩水を 900g つくろうと思います。次の問いに答えなさい。

(1)　濃度が 10 ％の食塩水を xg，濃度が 4 ％の食塩水を yg 混ぜるとして，x，y を求めるための連立方程式をつくりなさい。

(2)　濃度が 10 ％の食塩水と濃度が 4 ％の食塩水をそれぞれ何 g 混ぜればよいですか。

第2章 関数に関する問題

2-1 比

1 比

比…2つ以上の量の割合を，その数と記号「：」を使って「2：3」のように表すとき，このように表された割合を比といいます。

例1 3Lのコーヒーと2Lの牛乳でコーヒー牛乳を作るとき，コーヒーと牛乳の体積の比は，3：2と表します。

2 等しい比

☑ チェック!

$a：b$ に等しい比…a と b に同じ数をかけたり，a と b を同じ数でわったりしてできる比は，すべて等しい比です。

比を簡単にする…比を，それと等しい比でできるだけ小さい整数の比になおすこと

例1 18：30を簡単にするには，両方の数を18と30の最大公約数6でわります。

$$18：30＝(18÷6)：(30÷6)＝3：5$$
18 と 30 の最大公約数 6 でわる

例2 $\dfrac{1}{3}：\dfrac{2}{5}$ を簡単にするには，両方の数に，分母である3と5の最小公倍数15をかけます。

$$\dfrac{1}{3}：\dfrac{2}{5}＝\left(\dfrac{1}{3}×15\right)：\left(\dfrac{2}{5}×15\right)＝5：6$$
整数にするために，分母の 3 と 5 の最小公倍数 15 をかける

テスト 次の比を簡単にしなさい。

(1) 0.4：0.6　　　(2) $\dfrac{3}{4}：\dfrac{1}{6}$　　　答え (1) 2：3　　(2) 9：2

3 比例式

比例式…「$a : b = m : n$」のような，比が等しいことを表す式

比例式の性質… $a : b = m : n$ ならば，$an = bm$

比例式を解く…比例式は，比例式の性質を使って，方程式の形にする
ことで，x の値を求めることができます。

例1　$7 : 12 = x : 36$ の x にあてはまる数を求めます。

$$7 : 12 = x : 36$$
（×3）

36 が 12 の 3 倍になっていることから，

$$x = 7 \times 3$$
$$= 21$$

例2　$18 : 36 = x : 6$ の x にあてはまる数を求めます。

$$18 : 36 = x : 6$$
（÷6）

6 が 36 の $\dfrac{1}{6}$ 倍になっていることから，

$$x = 18 \times \dfrac{1}{6}$$
$$= 3$$

例3　$x : 12 = 6 : 8$ の x にあてはまる数を求めます。

$$x : 12 = 6 : 8$$

比例式の性質より，

$$x \times 8 = 12 \times 6$$
$$8x = 72$$
$$x = 9$$

テスト　次の式の x の値を求めなさい。

(1)　$12 : x = 4 : 5$

(2)　$x : 9 = 8 : 6$

答え　(1)　$x = 15$　　(2)　$x = 12$

1 次の比を簡単にしなさい。

(1) $32:24$ (2) $50:75$

(3) $0.6:1.3$ (4) $\dfrac{1}{9}:\dfrac{1}{8}$

考え方

(1)(2) 2 つの数の最大公約数でわります。

(3) 10 をかけます。

(4) 分母の最小公倍数 72 をかけます。

解き方 (1) $32:24=(32\div8):(24\div8)=4:3$ **答え** $4:3$
　　　　　　 32 と 24 の最大公約数 8 でわる

(2) $50:75=(50\div25):(75\div25)=2:3$ **答え** $2:3$
　　　　 50 と 75 の最大公約数 25 でわる

(3) $0.6:1.3=(0.6\times10):(1.3\times10)=6:13$ **答え** $6:13$
　　　　 整数にするために 10 をかける

(4) $\dfrac{1}{9}:\dfrac{1}{8}=\left(\dfrac{1}{9}\times72\right):\left(\dfrac{1}{8}\times72\right)=8:9$ **答え** $8:9$
　　　整数にするために，分母の 9 と 8 の最小公倍数 72 をかける

 2 次の式の x の値を求めなさい。

$15:x=3:2$

解き方1
　　　　　　　×5
　　　　$15:x=3:2$
　　　　　　　×5

15 が 3 の 5 倍になっていることから，
x も 2 の 5 倍になる。
$x=2\times5=10$

解き方2
　　　　$15:x=3:2$

比例式の性質より，
$3x=15\times2$
$x=10$ **答え** $x=10$

重要
1 折り紙を，さくらさんは24枚，かずこさんは30枚持っています。

(1) さくらさんとかずこさんの持っている折り紙の枚数の比を，もっとも簡単な整数の比で表しなさい。

(2) さくらさんとみずきさんの持っている折り紙の枚数の比は6：7です。みずきさんは折り紙を何枚持っていますか。

考え方 (2)みずきさんの持っている折り紙の枚数を x 枚として，枚数の比から比例式をつくります。

解き方 (1) $24：30＝4：5$　　　　　　　　　　**答え** 4：5

(2) みずきさんの持っている折り紙の枚数を x 枚とすると，

$$24：x＝6：7$$
$$6x＝168$$
$$x＝28$$　　　　　　　　　　**答え** 28枚

2 132個のチョコレートを，個数の比が7：4になるように箱と袋に分けました。箱と袋にはそれぞれ何個のチョコレートが入っていますか。

解き方 箱に入っているチョコレートの数は，$132×\dfrac{7}{7＋4}＝84$（個）

袋に入っているチョコレートの数は，$132×\dfrac{4}{7＋4}＝48$（個）

答え 箱…84個　袋…48個

3 1本のテープを，長さが16：9になるように切ったところ，短いほうのテープの長さが36cmになりました。長いほうのテープの長さは何cmですか。

解き方 長いほうのテープの長さを x cmとすると，$x：36＝16：9$

これを解いて，$x＝64$　　　　　　　　　　**答え** 64cm

1 りんごが 84 個, みかんが 60 個あります。同じ個数ずつ食べたところ, りんごとみかんの残りの個数の比が 3 : 2 になりました。食べた個数は何個ずつですか。

解き方 食べた個数を x 個とすると, 残りの個数はりんごが $84-x$(個),

みかんが $60-x$(個)となるから,

$$(84-x) : (60-x) = 3 : 2$$
$$(84-x) \times 2 = (60-x) \times 3$$
$$168-2x = 180-3x$$
$$x = 12$$

答え 12 個

2 はじめ, たかしさんと弟の所持金の比は 3 : 2 でした。たかしさんが弟に 800 円渡したので, たかしさんと弟の所持金の比は 8 : 7 になりました。たかしさんのはじめの所持金は何円ですか。

考え方 たかしさんのはじめの所持金を $3x$ 円, 弟のはじめの所持金を $2x$ 円とします。

解き方 たかしさんのはじめの所持金を $3x$ 円, 弟のはじめの所持金を $2x$ 円とする。たかしさんが弟に 800 円を渡したあとの, たかしさんの所持金は $3x-800$(円), 弟の所持金は $2x+800$(円)だから,

$$(3x-800) : (2x+800) = 8 : 7$$
$$(3x-800) \times 7 = (2x+800) \times 8$$
$$21x-5600 = 16x+6400$$
$$21x-16x = 6400+5600$$
$$5x = 12000$$
$$x = 2400$$

よって, たかしさんのはじめの所持金は, $2400 \times 3 = 7200$(円)

答え 7200 円

・練習問題・

答え：別冊 p.15 〜 p.16

重要
1 次の比を簡単にしなさい。

(1) $15 : 21$ (2) $0.8 : 1.2$ (3) $\dfrac{5}{6} : \dfrac{3}{8}$

重要
2 次の式の x の値を求めなさい。

(1) $5 : 3 = 15 : x$ (2) $2.4 : x = 4 : 2.5$ (3) $\dfrac{1}{4} : x = \dfrac{1}{6} : 8$

3 ひとみさんの学校のバスケットボール部の人数は男子が 16 人，女子が 18 人です。次の問いに答えなさい。

(1) 男子と女子の人数の比を，もっとも簡単な整数の比で表しなさい。

(2) 男子が何人か増えたので，男子と女子の人数の比が 4 : 3 になりました。増えた男子の人数は何人ですか。

重要
4 ちあきさんのクラスでは，近所の公園で空き缶拾いをしています。今月の空き缶の重さは 3.6kg で，先月と今月の集めた空き缶の重さの比は 5 : 18 でした。次の問いに答えなさい。

(1) 先月の空き缶の重さは何 kg ですか。

(2) 来月の目標を，今月と来月の空き缶の重さの比が 4 : 5 になるようにしました。来月の目標は何 kg ですか。

第2章 関数に関する問題

2-2 比例，反比例

1 関数

☑ チェック！

変数…いろいろな値(あたい)をとる文字

関数…ともなって変わる2つの変数 x，y があり，x の値を決めると，それに対応して y の値がただ1つに決まるとき，**y は x の関数である**といいます。

例1　分速70mの速さで x 分歩いたときの道のり ym

速さ×時間＝道のり　だから，

$x=1$ のとき，$y=70\times1=70$，

$x=2$ のとき，$y=70\times2=140$，など，

x の値を決めると，y の値がただ1つに決まるので，y は x の関数です。

また，このとき，y を x の式で表すと，$y=70x$ となります。

例2　約数の個数が x 個の整数 y

$x=1$ のとき，$y=1$，

$x=2$ のとき，$y=2$，3，5，など，

$x=3$ のとき，$y=4$，9，など，

x の値を決めたとき，y の値がただ1つに決まるとは限らないので，y は x の関数ではありません。

[テスト] 下の㋐～㋓の中で，y が x の関数であるものをすべて選びなさい。

㋐　60L入る水そうに毎分 xLずつ水を入れたときの，水そうがいっぱいになるまでの時間 y 分

㋑　タクシーの料金が x 円であったときの走った道のり ym

㋒　1辺の長さが $x$cmの正六角形のまわりの長さ $y$cm

㋓　ある中学校で中学 x 年生の身長 $y$cm

[答え] ㋐，㋒

2 比例

☑**チェック！**

比例…y が x の関数で，x と y の関係が $y=ax$（a は 0 でない定数）
で表されるとき，y は x に比例するといい，a を比例定数とい
います。このとき，対応する x，y について，$\dfrac{y}{x}$ の値は一定で，
a に等しくなります。

比例のグラフ…原点を通る直線で，$a>0$ のときは右上がり，$a<0$ の
ときは右下がりになります。

$a>0$ のとき $a<0$ のとき

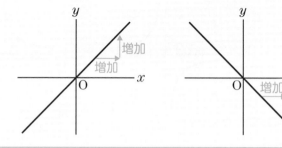

例1　比例の式の求め方

　　1 組の x，y の値がわかれば，比例の式を求めることができます。
y が x に比例し，$x=3$ のとき $y=-6$ です。このとき，x と y の関係
を表す式は，

　　$y=ax$ に，　　　　　　　　　　←求める式を $y=ax$ とおく
　　$x=3$，$y=-6$ を代入して，　←x，y の値を代入する
　　$-6=a\times3$
　　　$a=-2$　　　　　　　　　　←a の値を求める
　　よって，$y=-2x$　　　　　　←a の値を $y=ax$ に代入する

テスト　y が x に比例し，$x=4$ のとき $y=-20$ です。このとき，比例定数
を求めなさい。

答え　-5

反比例…y が x の関数で，x と y の関係が $y=\dfrac{a}{x}$（a は 0 でない定数）

で表されるとき，y は x に反比例するといい，a を比例定数

といいます。このとき，対応する x，y について，xy の値

は一定で，a に等しくなります。

反比例のグラフ…双曲線といい，なめらかな 1 組の曲線になります。

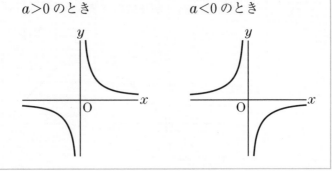

例 1　反比例の式の求め方

　　　1 組の x，y の値がわかれば，反比例の式を求めることができます。

y が x に反比例し，$x=5$ のとき $y=-3$ です。このとき，x と y の関係

を表す式は，

$y=\dfrac{a}{x}$ に，　　　　　　　　　　←求める式を $y=\dfrac{a}{x}$ とおく

$x=5$，$y=-3$ を代入して，　←x，y の値を代入する

$-3=\dfrac{a}{5}$

　$a=-15$　　　　　　　　　←a の値を求める

よって，$y=-\dfrac{15}{x}$　　　　←a の値を $y=\dfrac{a}{x}$ に代入する

テスト　y が x に反比例し，$x=-4$ のとき $y=-2$ です。このとき，比例

定数を求めなさい。

答え　8

重要
1 下の㋐～㋔で，y が x の関数であるものには○を，そうでないものには×をつけなさい。

㋐ 面積が 60cm² の平行四辺形の底辺の長さ $x$cm と高さ $y$cm

㋑ 身長が $x$cm の人の体重 $y$kg

㋒ 60分ごとに 100 円ずつ料金が加算されていく駐車場<ruby>に x 分とめたときの駐車料金 y 円

㋓ 1m の重さが 250g の針金 xm の重さ yg

㋔ 絶対値が x である数 y

x の値を決めると，y の値もただ 1 つに決まるものは，y が x の関数になっているものです。

解き方 ㋐…面積が決まっているので，底辺の長さが決まれば，高さも決まる。よって，y は x の関数である。

また，面積＝底辺×高さ だから，$xy=60$ より，$y=\dfrac{60}{x}$ となり，反比例の関係である。

㋑…身長 $x$cm を決めても，体重 $y$kg がただ 1 つに決まらないので，y は x の関数ではない。

㋒…x 分とめると，駐車料金 y 円はただ 1 つに決まる。よって，y は x の関数である。ただし，式に表すことはできない。

㋓…1m の重さが決まっているので，長さが決まれば，重さも決まる。よって，y は x の関数である。

また，（全体の重さ）＝（1m あたりの重さ）×（長さ）だから，$y=250x$ となり，比例の関係である。

㋔…たとえば，$x=3$ のとき $y=3$，-3 であり，x を決めても，y がただ 1 つに決まらないので，y は x の関数ではない。

答え ㋐…○ ㋑…× ㋒…○ ㋓…○ ㋔…×

重要 2 比例，反比例について，次の問いに答えなさい。

(1) y は x に比例し，$x=-3$ のとき $y=12$ です。$x=4$ のときの y の値を求めなさい。

(2) y は x に反比例し，$x=-6$ のとき $y=-9$ です。$x=18$ のときの y の値を求めなさい。

> **ポイント**
> (1) y が x に比例するとき，$y=ax$ と表されます。
>
> (2) y が x に反比例するとき，$y=\dfrac{a}{x}$ と表されます。

解き方 (1) y が x に比例するので，$y=ax$ とおく。

$y=ax$ に $x=-3$，$y=12$ を代入して，

$12=a\times(-3)$

$a=-4$

よって，比例の式は，

$y=-4x$ となる。

$y=-4x$ に $x=4$ を代入して，

$y=-4\times4=-16$

答え $y=-16$

(2) y が x に反比例するので，$y=\dfrac{a}{x}$ とおく。

$y=\dfrac{a}{x}$ に $x=-6$，$y=-9$ を代入して，

$-9=\dfrac{a}{-6}$

$a=54$

よって，反比例の式は，

$y=\dfrac{54}{x}$ となる。

$y=\dfrac{54}{x}$ に $x=18$ を代入して，

$y=\dfrac{54}{18}=3$

答え $y=3$

応用問題

重要
1 右の図のように，関数 $y=ax$ と関数

$y=\dfrac{b}{x}$ のグラフが点 A で交わっており，

点 B は関数 $y=\dfrac{b}{x}$ のグラフ上の点です。

また，点 A の座標は$(3，2)$，点 B の x

座標は 1 です。

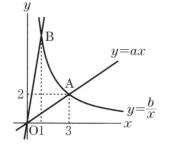

(1) a の値を求めなさい。

(2) b の値を求めなさい。

(3) 原点と点 B を通る直線で表されるグラフについて，y を x の式で
表しなさい。

考え方
(1)点 A が $y=ax$ 上にあることから，a の値を求めます。

(2)点 A が $y=\dfrac{b}{x}$ 上にあることから，b の値を求めます。

(3)点 B が $y=\dfrac{b}{x}$ 上にあることから，点 B の座標を求めます。

解き方 (1) 点 A は関数 $y=ax$ のグラフ上にあるので，

$2=a\times3$ より，$a=\dfrac{2}{3}$ 　　　　**答え** $a=\dfrac{2}{3}$

(2) 点 A は関数 $y=\dfrac{b}{x}$ のグラフ上にあるので，

$2=\dfrac{b}{3}$ より，$b=6$ 　　　　**答え** $b=6$

(3) 点 B は関数 $y=\dfrac{6}{x}$ のグラフ上にあるので，点 B の y 座標は，

$y=\dfrac{6}{1}=6$ より，$B(1，6)$となる。

直線で表されるグラフは，比例のグラフなので，式を $y=cx$
とおいて，$x=1$，$y=6$ を代入すると，

$6=c\times1$ より，$c=6$

よって，$y=6x$ となる。 　　　　**答え** $y=6x$

2 右の図のように，関数 $y=\dfrac{16}{x}$ のグラフ上に点Aがあります。また，点Bの座標は(6，0)です。このとき，△OABの面積について考えます。ただし，座標の1目もりを1cmとします。

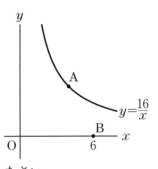

(1) △OABの底辺をOBとします。点Aの x 座標が4のとき，△OABの高さを求めなさい。

(2) 点Aの x 座標が2のとき，△OABの面積を求めなさい。

(3) △OABの面積が15cm² のとき，点Aの座標を求めなさい。

考え方

△OABの底辺をOBとするとき，△OABの高さは，点Aの y 座標と等しくなります。

解き方 (1) $y=\dfrac{16}{x}$ に $x=4$ を代入して，$y=\dfrac{16}{4}=4$　　**答え** 4cm

(2) $y=\dfrac{16}{x}$ に $x=2$ を代入して，$y=\dfrac{16}{2}=8$

よって，△OABはOBを底辺としたときの高さが8cmだから，面積は，

$\dfrac{1}{2}×6×8=24(\text{cm}^2)$　　**答え** 24cm²

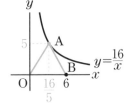

(3) △OABの面積が15cm²，底辺が6cmなので，高さは5cmとなる。

よって，点Aの y 座標が5となり，x 座標は，

$y=\dfrac{16}{x}$ に $y=5$ を代入して，$5=\dfrac{16}{x}$ より，

$x=\dfrac{16}{5}$　　**答え** $\left(\dfrac{16}{5},\ 5\right)$

1　視力検査では，5m 離れた場所から，右のような「ランドルト環」と呼ばれる図のすき間を判別できるかどうかで視力を測定することがあります。ランドルト環のすき間の幅は，ランドルト環の直径に比例し，視力の値は，ランドルト環のすき間の幅に反比例します。下の表は，ランドルト環の直径，すき間，視力について，値の組をまとめたものです。

1.5mm

←7.5mm→
視力 1.0

直径(mm)	…	5.0	…	7.5	…	12.5	…	15.0	…
すき間の幅(mm)	…	1.0	…	1.5	…	2.5	…	3.0	…
視力	…	1.5	…	1.0	…	0.6	…	0.5	…

(1)　ランドルト環の直径を x mm，すき間の幅を y mm として，x と y の関係を式に表しなさい。

(2)　ランドルト環のすき間の幅を x mm，視力を y として，x と y の関係を式に表しなさい。

(3)　判別できた最小のランドルト環の直径が 37.5mm のとき，その視力を求めなさい。

解き方　(1)　すき間の幅は直径に比例するので，$y=ax$ とおく。

$y=ax$ に $x=5$，$y=1$ を代入すると，$a=\dfrac{1}{5}$　**答え**　$y=\dfrac{1}{5}x$

(2)　視力はすき間の幅に反比例するので，$y=\dfrac{a}{x}$ とおく。

$y=\dfrac{a}{x}$ に $x=1$，$y=1.5$ を代入すると，$a=1.5$　**答え**　$y=\dfrac{1.5}{x}$

(3)　$y=\dfrac{1}{5}x$ に $x=37.5$ を代入すると $y=7.5$ より，幅は 7.5mm で，

$y=\dfrac{1.5}{x}$ に $x=7.5$ を代入すると $y=0.2$ より，視力は 0.2 となる。

答え　0.2

練習問題

答え：別冊 p.16～p.17

[重要] **1** 下の㋐～㋓の中で，y が x の関数であるものは，y を x の式で表しなさい。また，関数ではないものには×をつけなさい。

㋐ 面積が $x$cm^2 の長方形の縦(たて)の長さ $y$cm

㋑ 底辺が $x$cm，高さが 16cm の三角形の面積 $y$cm^2

㋒ 240km の道のりを時速 $x$km で走ったときにかかる時間 y 時間

㋓ 小学生 x 人の体重の合計 $y$kg

[重要] **2** 下の表は，ある鉄道会社の運賃表(うんちんひょう)です。この表で，距離(きょり) $x$km のときの運賃 y 円の関係について，下の㋐～㋓の中から正しいものを１つ選びなさい。

距離	4km まで	8km まで	12km まで	16km まで	20km まで	24km まで	28km まで	32km まで
運賃	160 円	220 円	270 円	310 円	340 円	360 円	380 円	400 円

㋐ y は x に比例する。

㋑ y は x に反比例する。

㋒ y は x の関数であるが，比例でも反比例でもない。

㋓ y は x の関数ではない。

[重要] **3** 比例，反比例について，次の問いに答えなさい。

(1) y は x に比例し，$x=8$ のとき $y=-24$ です。このとき，y を x の式で表しなさい。

(2) y は x に反比例し，$x=6$ のとき $y=-12$ です。$x=9$ のときの y の値(あたい)を求めなさい。

4 右の図で，点 A は関数
$y=\dfrac{1}{4}x$ のグラフ上の点，

点 B は関数 $y=3x$ のグラ
フ上の点で，点 A と点 B は
x 座標が等しいです。点 A
の x 座標が -4 のとき，次
の問いに答えなさい。

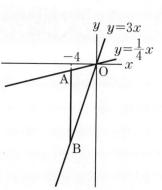

(1) 点 A の y 座標を求めなさい。

(2) 線分 AB の長さを求めなさい。ただし，座標の 1 目も
りを 1cm とします。

重要
5 右の図のように，

関数 $y=\dfrac{3}{2}x$，

関数 $y=-\dfrac{3}{4}x$，

関数 $y=\dfrac{24}{x}$ のグラ

フがあります。点

A は関数 $y=\dfrac{3}{2}x$

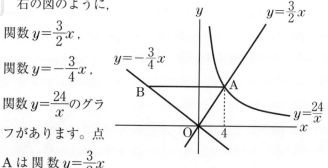

と関数 $y=\dfrac{24}{x}$ のグラフが交わる点で，x 座標は 4 です。

点 B は関数 $y=-\dfrac{3}{4}x$ のグラフ上の点で，点 A と点 B は
y 座標が等しいです。次の問いに答えなさい。

(1) 点 A の y 座標を求めなさい。

(2) △OAB の面積を求めなさい。ただし，座標の 1 目も
りを 1cm とします。

2-3 1次関数

1 1次関数の式とグラフ

☑チェック!

1次関数…y が x の関数で，x と y の関係が $y=ax+b$（a は0でない定数，b は定数）で表されるとき，y は x の1次関数であるといいます。

変化の割合…x の増加量に対する y の増加量の割合であり，つねに一定で a に等しくなります。

$$\text{変化の割合}=\frac{y \text{の増加量}}{x \text{の増加量}}=a$$

1次関数のグラフ…関数 $y=ax$ のグラフに平行で，y 軸上の点 $(0,\ b)$ を通る直線です。$a>0$ のときは右上がり，$a<0$ のときは右下がりになります。a をグラフの傾き，b をグラフの切片といいます。

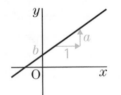

$a>0$ のとき

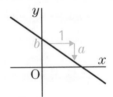

$a<0$ のとき

例1　1次関数 $y=2x-3$ のグラフは，右の図のようになります。
傾き　切片

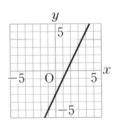

テスト　1次関数 $y=-\dfrac{1}{2}x+7$ について，変化の割合を答えなさい。

答え　$-\dfrac{1}{2}$

2 1次関数の式の求め方

☑ チェック！

1次関数の式の求め方

①グラフの傾きと1点の座標(ざひょう)がわかっているとき

$y=ax+b$ に，傾き a と1組の x，y の値(あたい)を代入して，b の値を求めます。

②グラフが通る2点の座標がわかっているとき

$y=ax+b$ に，2組の x，y の値を代入し，a，b についての連立方程式とみて解きます。

例1 傾きが3で，点(2，5)を通る直線の式の求め方

$y=ax+b$ に $a=3$ を代入して，$y=3x+b$ …①

①に $x=2$，$y=5$ を代入して，

$5=3\times2+b$　$b=-1$

よって，$y=3x-1$

例2 2点(-1，10)，(2，-2)を通る直線の式の求め方

$y=ax+b$ に，$x=-1$，$y=10$ を代入して，$10=-a+b$ …①

$x=2$，$y=-2$ を代入して，$-2=2a+b$ …②

①，②を a，b についての連立方程式とみて解くと，$a=-4$，$b=6$

よって，$y=-4x+6$

テスト 次の問いに答えなさい。

(1) 傾きが $\dfrac{3}{4}$ で，点(-4，-11)を通る直線の式を求めなさい。

答え $y=\dfrac{3}{4}x-8$

(2) 2点(1，-1)，(-2，8)を通る直線の式を求めなさい。

答え $y=-3x+2$

3 1次関数と方程式

方程式とグラフ…

2元1次方程式 $ax+by=c$ …①を y について解くと $y=-\dfrac{a}{b}x+\dfrac{c}{b}$ …

②の1次関数の式となることから，方程式①の解を座標とする点の集まりは，1次関数②の表す直線の点全体になることがわかります。

連立方程式の解とグラフの交点…

x，y についての連立方程式の解は，それぞれの方程式のグラフの交点の x 座標，y 座標の組になります。

例1　連立方程式 $\begin{cases} x+y=5 \\ x-2y=-4 \end{cases}$ の解は，$x=2$，$y=3$

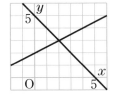

それぞれの方程式のグラフは右のようになる。よって，交点の座標は$(2，3)$となる。

4 1次関数の利用

1次関数とみなすこと

実際に得られたデータをグラフに表したとき，対応する点がほぼ一直線上に並んでいる場合，1次関数とみることがあります。

例1　下の表は，線香に火をつけてからの時間と残りの長さを表したものです。

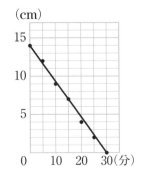
(cm)

時間(分)	0	5	10	15	20	25	30
長さ(cm)	14	12	9	7	4	2	0

これをグラフに表してみると，右のようになり，対応する点がほぼ一直線上に並んでいることから，1次関数とみることができます。

1 1次関数 $y=4x-6$ について，$x=2$ のときの y の値を求めなさい。

考え方 $y=4x-6$ に $x=2$ を代入して，y の値を求めます。

解き方 $y=4\times2-6=2$ 　　　　　　　　答え $y=2$

重要 **2** 次の問いに答えなさい。

(1) 傾きが3で，点$(3，1)$を通る直線の式を求めなさい。

(2) 2点$(-3，7)$，$(2，-3)$を通る直線の式を求めなさい。

ポイント (1)$y=ax+b$ の a に傾き，x，y に点の座標を代入して，b の値を求めます。

(2)$y=ax+b$ に2組の x，y の値を代入して，a，b についての連立方程式をつくります。

解き方 (1) 傾きが3なので，$y=3x+b$ …①

点$(3，1)$を通るので，①に $x=3$，$y=1$ を代入して，

$1=3\times3+b$ より，$b=-8$

よって，求める直線の式は，$y=3x-8$ 　　答え $y=3x-8$

(2) 求める直線の式を $y=ax+b$ とおく。

この直線は2点$(-3，7)$，$(2，-3)$を通るので，

$$\begin{cases} 7=-3a+b & \cdots① \\ -3=2a+b & \cdots② \end{cases}$$

①－②より，

$$\begin{array}{r} 7=-3a+b \\ -)\ -3=\ \ 2a+b \\ \hline 10=-5a \end{array}$$

$5a=-10$

$a=-2$

②に $a=-2$ を代入して，

$-3=2\times(-2)+b$

$b=1$

よって，求める直線の式は，

$y=-2x+1$

答え $y=-2x+1$

重要
1　1次関数 $y=-3x+1$ について，x の増加量が4のときの y の増加量を求めなさい。

> **ポイント**
> $変化の割合=\dfrac{y の増加量}{x の増加量}$ より，
>
> $y の増加量=変化の割合×x の増加量$

解き方　1次関数 $y=-3x+1$ の変化の割合は -3 である。

　　　　よって，x の増加量が4のときの y の増加量は，$-3×4=-12$

> **答え**　-12

重要
2　右の図で，直線 ℓ は傾きが -1 で点A $(6，0)$ を通ります。直線 m は直線 ℓ と y 軸上で交わる直線で，点B$(-1，3)$ を通ります。

(1)　直線 ℓ の式を求めなさい。

(2)　直線 m の式を求めなさい。

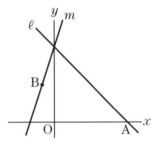

考え方
┌────────────────────────────────────┐
│(2)直線 ℓ と直線 m は y 軸上で交わるので，切片が等しいです。│
└────────────────────────────────────┘

解き方　(1)　傾きが -1 なので，$y=-x+b$ とおく。

　　　　点A$(6，0)$を通るので，この式に $x=6$，$y=0$ を代入して，

　　　　$0=-6+b$ より，$b=6$

> **答え**　$y=-x+6$

(2)　(1)より，直線 ℓ の切片が6なので，直線 m の切片も6となる。

　　　よって，$y=ax+6$ とおく。

　　　点B$(-1，3)$を通るので，この式に $x=-1$，$y=3$ を代入して，

　　　$3=a×(-1)+6$ より，$a=3$

> **答え**　$y=3x+6$

3 右の図において，直線 ℓ は $y=2x-2$ の

グラフ，直線 m は $y=-\dfrac{2}{3}x+6$ のグラフ

です。直線 ℓ と直線 m の交点を A，直線
ℓ と y 軸の交点を B，直線 m と y 軸の交
点を C とします。このとき，△ABC の面
積を求めなさい。ただし，座標の 1 目もり
を 1cm とします。

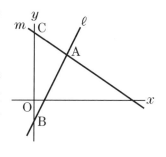

解き方 △ABC の底辺を BC とすると，高さは点 A の x 座標に等しい。

直線 ℓ，m の式を組とする連立方程式は，

$$\begin{cases} y=2x-2 & \cdots① \\ y=-\dfrac{2}{3}x+6 & \cdots② \end{cases}$$
これを解くと，$x=3$，$y=4$
よって，点 A の x 座標は 3 であり，
△ABC の高さは 3cm となる。

また，底辺の長さは，$BC=6-(-2)=8(cm)$ となる。

したがって，△ABC の面積は，$\dfrac{1}{2}×8×3=12(cm^2)$ **答え** 12cm²

重要
4 あるばねののびの長さはつるしたおもりの重さに比例します。おも
りの重さが 10g のときのばねの長さは 11.5cm，15g のときは 12.25cm
です。おもりの重さが xg のときのばねの長さを $y$cm とします。

(1) y を x の式で表しなさい。

(2) おもりの重さが 75g のとき，ばねの長さは何 cm ですか。

解き方 (1) 求める式を $y=ax+b$ とすると，$x=10$ のとき $y=11.5$，$x=15$

のとき $y=12.25$ だから，$\begin{cases} 11.5=10a+b & \cdots① \\ 12.25=15a+b & \cdots② \end{cases}$

②－①より，$a=0.15$ なので，$a=0.15$ を①に代入して，$b=10$
答え $y=0.15x+10$

(2) $y=0.15x+10$ に $x=75$ を代入して，$y=0.15×75+10=21.25$
答え 21.25cm

1 ななさんが、風呂を沸かしました。しばらくしてから風呂に入ったところ、沸かしてすぐのときより、お湯がぬるくなっていることに気づきました。そこで、ななさんは別の日にお湯の温度の変化を調べ、下の表に表しました。

時間(分)	0	5	10	15	20	25	30
温度(℃)	41.0	40.8	40.6	40.3	40.1	40.0	39.8

(1) 表から、お湯の温度は、時間の経過に伴って一定の割合で下がるとみなせます。お湯を沸かし終わってから x 分後のお湯の温度を y ℃とするとき、x と y の関係を、下の㋐～㋓の中から1つ選びなさい。

　㋐　y は x に比例する。

　㋑　y は x に反比例する。

　㋒　y は x の1次関数である。

　㋓　y は x の関数ではない。

(2) 沸かしてすぐのときと、沸かしてから30分後の温度から考えると、50分後にはお湯の温度は何度になっていると考えられますか。

考え方 ┊(2)お湯の温度の変化をもとに、関数の式を求めます。┊

解き方 (1) グラフをかくと、原点を通らない直線のグラフになると考えられるので、y は x の1次関数といえる。 **答え** ㋒

(2) y が x の1次関数と考えると、$x=0$ のとき $y=41$ だから、切片は41となる。お湯の温度が一定の割合で下がると考えると、傾き a は x が0から30まで増加したときの変化の割合なので、

$$a=\frac{39.8-41}{30-0}=-0.04$$

よって、$y=-0.04x+41$

$x=50$ を代入して、

$y=-0.04\times50+41=39$ **答え** 39℃

答え：別冊 p.18 〜 p.20

重要
1 1次関数 $y=-\dfrac{3}{2}x+4$ について，次の問いに答えなさい。

(1) $x=6$ のときの y の値を求めなさい。

(2) $y=7$ のときの x の値を求めなさい。

2 直線について，次の問いに答えなさい。

(1) 直線 $y=ax+5$ が点 $(-2, 1)$ を通るとき，a の値を求めなさい。

(2) 2点 $(-4, 1)$，$(2, 4)$ を通る直線の式を求めなさい。

(3) 直線 $y=-3x+8$ に平行で，点 $(2, -5)$ を通る直線の式を求めなさい。

重要
3 右の図で，直線 ℓ は $y=2x-1$ のグラフです。直線 ℓ と直線 m の交点を A，直線 m と y 軸の交点を B とします。点 A の x 座標が 2，点 B の y 座標が 5 のとき，次の問いに答えなさい。

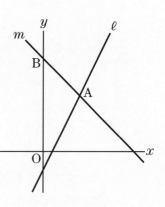

(1) 点 A の y 座標を求めなさい。

(2) 直線 m の式を求めなさい。

4 右の図のように，3点
A(1，4)，B(2，0)，
C(−4，0)を頂点とする
△ABC があります。次
の問いに答えなさい。

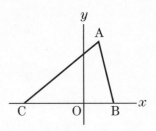

(1) 直線 AB の式を求めなさい。

(2) 点 A を通り，△ABC の面積を 2 等分する直線の式を
求めなさい。

重要
5 はるかさんは
駅を出発し，分
速 60m の速さで
1200m 離れた学
校に向かいまし

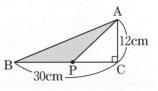

た。よしおさんははるかさんが駅を出発したのと同時に
学校を出発し，分速 90m の速さで駅に向かいました。
上のグラフは，2 人が出発してから x 分後の駅からの道
のりを ym として，x と y の関係を表したものです。2
人が出会うのは出発してから何分後ですか。

重要
6 右の図のような直角三角形
ABC の 辺 上 を 点 P は 毎 秒
1cm の速さで B → C → A と
動きます。点 P が点 B を出
発してから x 秒後の△ABP の面積を $y$cm² とするとき，
次の問いに答えなさい。

(1) 点 P が辺 BC 上にあるとき，y を x の式で表しなさい。

(2) 点 P が辺 CA 上にあるとき，y を x の式で表しなさい。

(3) $y=60$ となるときの x の値をすべて求めなさい。

第3章

図形に
関する問題

3-1 対称な図形

1 線対称な図形

☑チェック！

線対称な図形…1本の直線を折り目にして折ったとき，折り目の両側
がぴったり重なる図形

対称の軸…線対称な図形で，折り目にした直線

対応…対称の軸で折ったとき，重なり合う点，辺，角をそれぞれ対応
する点，対応する辺，対応する角といいます。

線対称な図形の性質…

対応する2つの点を通る直線は，対称の軸と垂直に交わ
ります。また，その交わる点から対応する2つの点まで
の長さは等しくなります。

対称の軸

2 点対称な図形

☑チェック！

点対称な図形…1つの点のまわりに180°回転させたとき，もとの形
にぴったり重なる図形

対称の中心…点対称な図形で，回転の中心にした点

対応…対称の中心で180°回転させたとき，重なり合う点，辺，角を
それぞれ対応する点，対応する辺，対応する角といいます。

点対称な図形の性質…

対応する2つの点を通る直線は，対称の中心を通りま
す。また，対称の中心から対応する2つの点までの長
さは等しくなります。

対称の中心

基本問題

重要
1 次の図形は，線対称な図形です。対称の軸は何本ありますか。

(1) 正三角形　　　　(2) 正方形　　　　(3) 五角形

解き方

(1)　　　　　　(2)　　　　　　(3)

答え 3本　　　**答え** 4本　　　**答え** 1本

重要
2 右の図は，点 O を対称の中心とする点対称な図形です。

(1) 辺 BC に対応する辺はどれですか。

(2) ∠DEF に対応する角はどれですか。

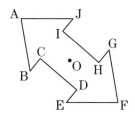

解き方 対応する点は，点 A と点 F，点 B と点 G，点 C と点 H，点 D と点 I，点 E と点 J となる。これらより，対応する辺と角を求める。

(1)　　　　　　　　　　(2)

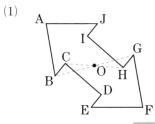　　　　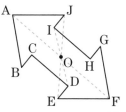

答え 辺 GH　　　　　　**答え** ∠IJA

応用問題

[重要] **1** 正八角形は，線対称(せんたいしょう)な図形でもあり，点対称な図形でもあります。

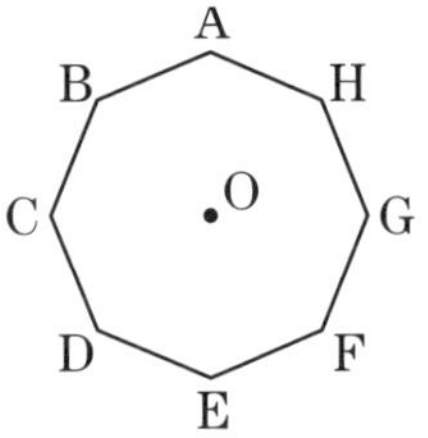

(1) 直線DHを対称の軸(じく)とする線対称な図形とみるとき，辺ABに対応する辺はどれですか。

(2) 点Oを対称の中心とする点対称な図形とみるとき，点Dに対応する点はどれですか。

[ポイント]
(1)線対称な図形では，対応する2つの点を通る直線は，対称の軸と垂直(すいちょく)に交わります。
(2)点対称な図形では，対応する2つの点を通る直線は，対称の中心を通ります。

解き方 (1) 点Aに対応する点は点G，点Bに対応する点は点Fなので，辺ABに対応する辺は辺GFとなる。 [答え] 辺GF

(2) 2点D，Oを通る直線上で，点Oからの距離(きょり)がDOの長さと等しい点なので，点Hとなる。 [答え] 点H

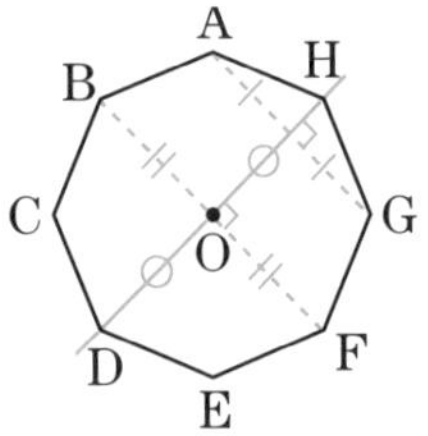

2 下の㋐〜㋓は，同じ大きさのひし形を組み合わせた図形で，すべて対称な図形です。線対称な図形と点対称な図形をそれぞれ，㋐〜㋓の中からすべて選びなさい。

㋐ 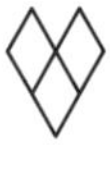 ㋑ 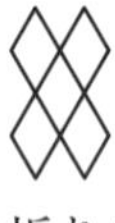 ㋒ 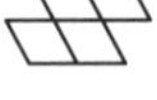 ㋓ 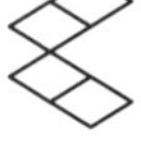

解き方 線対称な図形は，2つ折りにしたとき，ぴったり重なる㋐，㋑，㋓である。点対称な図形は，ある点を中心として180°回転したとき，ぴったり重なる㋑，㋒である。

[答え] 線対称な図形…㋐，㋑，㋓　点対称な図形…㋑，㋒

発展問題

[1] 右の図は，1辺が6cmの正三角形である△ABCと△DEFを並(なら)べたもので，点Oを対称の中心とする点対称な図形です。点B，D，O，C，Fが一直線上にあり，線分BFの長さが10cmのとき，線分CDの長さは何cmですか。

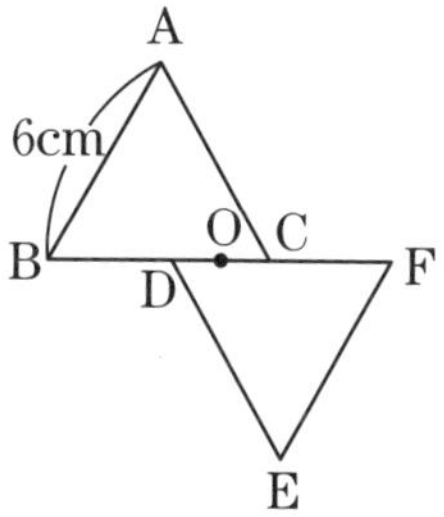

[ポイント] 点対称な図形は，対称の中心から対応する2つの点までの長さは等しくなります。

[解き方] 線分BFの長さが10cmなので，OB＝OF＝5(cm)となる。

OC＝BC－OB＝6－5＝1(cm)

同じように線分ODも1cmなので，線分CDの長さは2cmである。

[答え] 2cm

[2] 右の図は，同じ大きさの正六角形を4つつなげたものです。この図に，同じ大きさの正六角形を1つつなげて線対称な図形をつくるとき，どこにつなげればよいですか。㋐～㋘の中からすべて選びなさい。

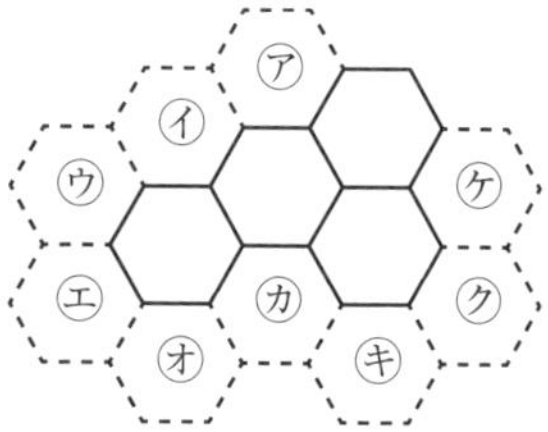

[解き方] それぞれつなげてみると，下の4つであることがわかる。

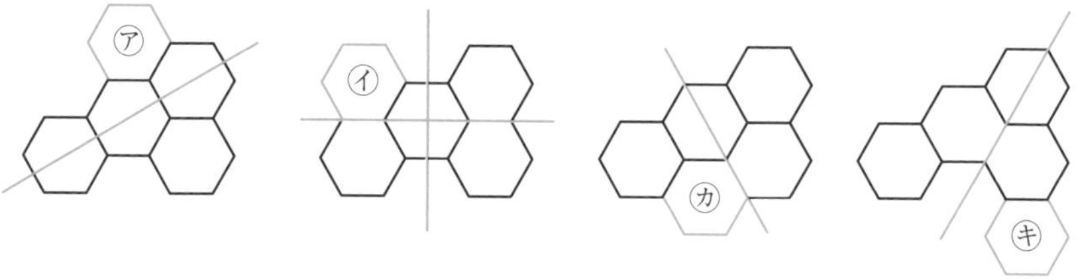

[答え] ㋐，㋑，㋕，㋖

重要
1 下の㋐〜㋔のアルファベットの形をした図形は，すべ
て対称な図形です。次の問いに答えなさい。

㋐**C** ㋑**H** ㋒**M** ㋓**X** ㋔**Z**

(1) 点対称な図形はどれですか。㋐〜㋔の中からすべて選
びなさい。

(2) 対称の軸を 2 本もつ線対称な図形はどれですか。㋐〜
㋔の中からすべて選びなさい。

重要
2 右の図は，直線 ℓ を対称の軸とする線
対称な図形です。次の問いに答えなさい。

(1) 点 B に対応する点はどれですか。

(2) 辺 DE に対応する辺はどれですか。

重要
3 右の図は，正六角形を 3 本の対角線
で 6 等分し，それらの対角線の交点を O
とした図形です。次の問いに答えなさい。

(1) 点 O を対称の中心とする点対称な
図形とみるとき，辺 CD に対応する辺はどれですか。

(2) 線対称な図形とみて，点 A と点 C が対応するとき，
点 D に対応する点はどれですか。

4 右の図は点対称な図形です。次の問
いに答えなさい。

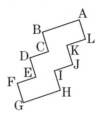

(1) 対称の中心 O を，定規だけを使っ
て作図しなさい。

(2) 辺 EF に対応する辺はどれですか。

3-2 拡大図と縮図

1 拡大図と縮図

拡大図…対応する角の大きさがそれぞれ等しく，対応する辺の長さの
　　　　比が等しくなるよう，もとの図を大きくした図

縮図…対応する角の大きさがそれぞれ等しく，対応する辺の長さの比
　　　が等しくなるよう，もとの図を小さくした図

2倍の拡大図…もとの図に対して，対応する辺の長さを2倍にした図

$\frac{1}{2}$の縮図…もとの図に対して，対応する辺の長さを$\frac{1}{2}$にした図

例1　右の図で，辺ABと辺DE，辺BCと辺
　　　EF，辺ACと辺DFの長さの比は，どれ
　　　も2：1です。

例2　右の図で，∠Aと∠D，∠Bと∠E，∠C
　　　と∠Fの大きさは，それぞれ等しくなって
　　　います。

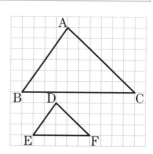

2 縮尺

縮尺…実際の長さを縮めた割合

縮尺の表し方（10mを1cmに縮める場合）

$\frac{1}{1000}$または，1：1000または，　0　　10　　20　　30m　など

例1　実際の土地で25mの距離を，地図では1cmで表した場合

25m＝2500cmだから，縮尺は，分数で$\frac{1}{2500}$と表し，比で，1：2500

と表します。

重要 1 右の図で, 平行四辺形 EFGH は 平行四辺形 ABCD の拡大図(かくだいず)です。

(1) 平行四辺形 EFGH は平行四辺形 ABCD の何倍の拡大図ですか。

(2) 辺 EF の長さは何 cm ですか。

(3) ∠F の大きさは何度ですか。

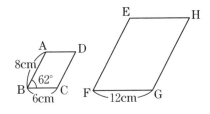

考え方 (1)対応する辺の比から, 何倍の拡大図かを考えます。

解き方 (1) 辺 BC に対応する辺は辺 FG なので, 12÷6=2 より, 平行四辺形 EFGH は平行四辺形 ABCD の 2 倍の拡大図である。

答え 2 倍

(2) 辺 EF に対応する辺は辺 AB なので,
EF=8×2=16(cm)

答え 16cm

(2) 対応する角の大きさは等しいので, ∠F=∠B=62°

答え 62°

重要 2 縮尺(しゅくしゃく)について, 次の問いに答えなさい。

(1) 実際の長さが 1.5km のトンネルを 3cm に縮小してかいた地図の縮尺は何分の一ですか。

(2) 縮尺が $\frac{1}{5000}$ の地図上で 4cm の長さの橋の実際の長さは何 m ですか。

解き方 (1) 1.5km=150000cm だから,

$3÷150000=\frac{1}{50000}$

答え $\frac{1}{50000}$

(2) 4×5000=20000(cm)
20000cm=200m より, 200m

答え 200m

重要
1 たかしさんは，同じ日時に同じ場所で，電柱と棒の影のようすを調べました。電柱の影の長さをはかったところ3.2mで，1mの棒の影の長さは40cmでした。

(1) 電柱の高さは何mですか。

(2) たかしさんは，すぐ近くにある高さが634mのタワーの影の長さを計算できると考えました。タワーの影の長さは何mですか。

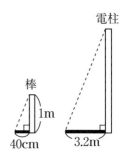

電柱
棒
1m
40cm
3.2m

考え方 (1)電柱と影でできる三角形が，棒と影でできる三角形の何倍の拡大図になっているかを考えます。

解き方 (1) 3.2m＝320cmで，320÷40＝8より，8倍の拡大図といえる。電柱の高さは，1×8＝8(m)となる。　**答え** 8m

(2) 634÷1＝634より，634倍の拡大図といえる。40cm＝0.4mより，タワーの影の長さは，0.4×634＝253.6(m)となる。

答え 253.6m

2 縮尺が $\frac{1}{4000}$ の地図上に，右の図のような台形の形をした公園があります。この公園の実際の面積は何m²ですか。

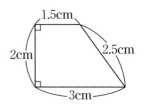

1.5cm
2.5cm
2cm
3cm

解き方 地図上の長さを実際の長さに直してから面積を求めます。

実際の長さは，上底が，1.5×4000÷100＝60(m)，

下底が，3×4000÷100＝120(m)，高さが，2×4000÷100＝80(m)

だから，実際の面積は，(60＋120)×80÷2＝7200(m²)

答え 7200m²

1 右の地図上に，向こう岸に点 A
をとり，川岸に平行な線分 BC を
ひき，直角三角形 ABC をかきま
した。地図上で BC の長さは 4cm
です。BC の実際の距離（きょり）が 48m の
とき，川幅（かわはば）の実際の長さはおよそ
何 m ですか。

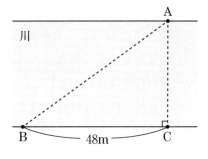

川

解き方 BC の長さは 4cm で，48m＝4800cm だから，$4 \div 4800 = \dfrac{1}{1200}$ より，

この地図の縮尺（しゅくしゃく）は $\dfrac{1}{1200}$ とわかる。AC の長さを測るとおよそ 2.8cm

だから，川幅の実際の長さは，$2.8 \times 1200 \div 100 = 33.6 \text{(m)}$ となる。

答え 33.6m

2 右の図で，△ADE は△ABC の 3
倍の拡大図（かくだいず）です。△ADE の面積は，
△ABC の面積の何倍ですか。

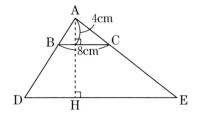

解き方1 △ADE は△ABC の 3 倍の拡大
図だから，DE＝8×3＝24(cm)，
AH＝4×3＝12(cm)
　　　△ABC の面積は，8×4÷2＝16(cm²)，
　　　△ADE の面積は，24×12÷2＝144(cm²)だから，
　　　144÷16＝9(倍)

解き方2 △ADE の底辺と高さは△ABC の 3 倍になっているので，
　　　△ADE の面積は，
　　　(△ABC の底辺)×3×(△ABC の高さ)×3÷2
　　＝(△ABC の底辺)×(△ABC の高さ)÷2×3×3
　　＝(△ABC の面積)×9

答え 9倍

練習問題

答え：別冊 p.21 ～ p.22

重要 1 下の図の△ DEF は△ ABC の 4 倍の拡大図です。
△ DEF のまわりの長さは何 cm ですか。

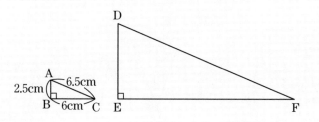

重要 2 右の図の△ ADE は△ ABC の
拡大図です。次の問いに答えな
さい。

(1) △ADE は△ABC の何倍の拡
大図ですか。

(2) 辺 AE の長さは何 cm ですか。

(3) △ADE の面積は，△ABC の面積の何倍ですか。

3 全長が 25cm の船の模
型があります。この船の
模型と本物の船の大きさ
の比は 1：700 です。本物
の船の全長は何 m です
か。

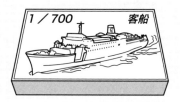

3-3 移動，作図，おうぎ形

1 図形の移動

☑ チェック！

平行移動 　回転移動 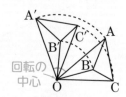　対称移動

・AA′，BB′，CC′
　は平行

・AA′＝BB′＝CC′

・OA＝OA′，
　OB＝OB′，
　OC＝OC′

・∠AOA′＝∠BOB′
　　　　＝∠COC′

・AA′，BB′，CC′
　はすべて ℓ に垂直

・AM＝A′M，
　BN＝B′N，
　CO＝C′O

2 基本の作図

☑ チェック！

作図…定規とコンパスだけを用いて図をかくことを作図といいます。
　　　定規は長さを測ることには使わず，直線をひくことだけに使い
　　　ます。

例1　線分の垂直二等分線の作図

　① 線分の両端の点 A，B を中心として等しい
　　　半径の円をかき，その交点を C，D とする。

　② 直線 CD をひく。

　　線分 AB の垂直二等分線上のすべての点は，
　2点 A，B からの距離が等しくなります。

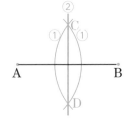

例2 角の二等分線の作図

① 点Oを中心とする円をかき，角の辺OX，OYとの交点をそれぞれA，Bとする。

② 点A，Bを中心として等しい半径の円をかき，その交点をCとする。

③ 半直線OCをひく。

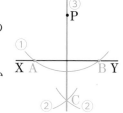

∠XOYの二等分線上のすべての点は，2辺OX，OYからの距離が等しくなります。

例3 直線上にない1点を通る垂線の作図

① 点Pを中心とする円をかき，直線XYとの交点をA，Bとする。

② 点A，Bを中心として等しい半径の円をかき，その交点をCとする。

③ 直線PCをひく。

点Pが直線XY上にあるときも同じように作図できます。

3 円とおうぎ形

☑チェック！

π …円周率 3.14159 …を表す文字

円の周の長さ $\quad \ell = 2\pi r$ （ℓ：周の長さ，r：半径）

円の面積 $\qquad S = \pi r^2$ （S：面積，r：半径）

おうぎ形の弧の長さ $\quad \ell = 2\pi r \times \dfrac{a}{360}$ （ℓ：弧の長さ，r：半径，a：中心角）

おうぎ形の面積 $\qquad S = \pi r^2 \times \dfrac{a}{360}$ （S：面積，r：半径，a：中心角）

例1 半径12cm，中心角60°のおうぎ形の弧の長さℓと面積S

$$\ell = 2\pi \times 12 \times \frac{60}{360} = 24\pi \times \frac{1}{6} = 4\pi \,(\text{cm})$$

$$S = \pi \times 12^2 \times \frac{60}{360} = 144\pi \times \frac{1}{6} = 24\pi \,(\text{cm}^2)$$

基本問題

重要 1 右の図で，三角形①は，下の㋐～㋒の図形の移動のいずれかを１回だけ用いて，三角形②～⑤に重ね合わせることができます。三角形②～⑤のそれぞれについて，用いる移動を，下の㋐～㋒の中から１つ選びなさい。

㋐ 平行移動　㋑ 回転移動　㋒ 対称(たいしょう)移動

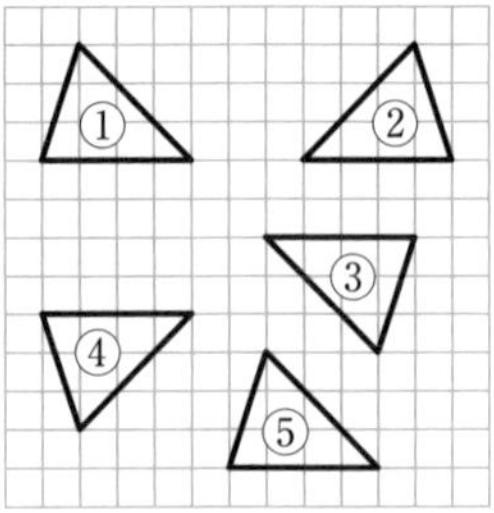

解き方 ②は，直線 ℓ を対称の軸(じく)として対称移動(㋒)，③は，点Oを対称の中心として回転移動(㋑)，④は，直線 m を対称の軸として対称移動(㋒)，⑤は，向きが同じなので平行移動(㋐)で，①とそれぞれを重ね合わせることができる。

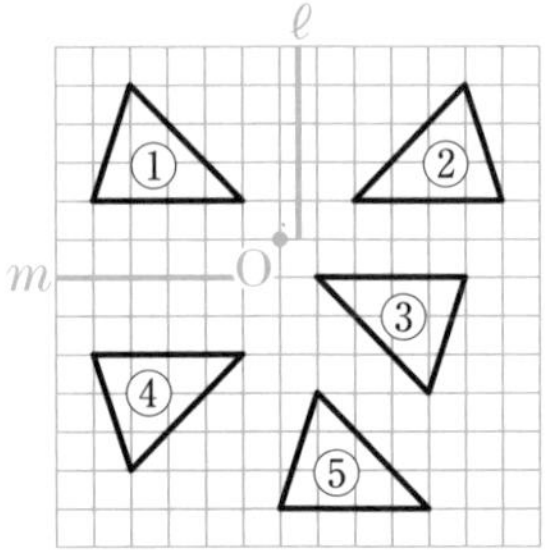

答え ②…㋒　③…㋑　④…㋒　⑤…㋐

重要 2 右の図の△ABCで，辺ACを底辺とするとき，高さを表す線分を作図しなさい。

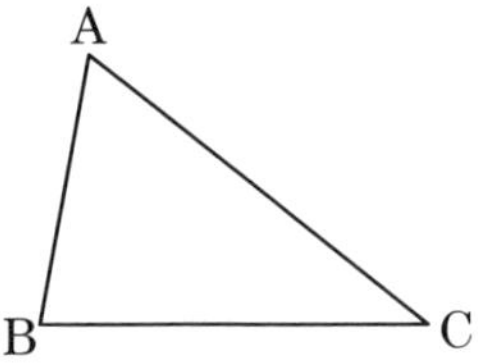

考え方 点Bから辺ACに垂線(すいせん)をひけばよいです。

解き方 ①　点Bを中心とする円をかき，辺ACとの交点をP，Qとする。

②　点P，Qを中心として等しい半径の円をかき，その交点をRとする。

③　辺ACと直線BRの交点をHとして，線分BHをひく。

答え

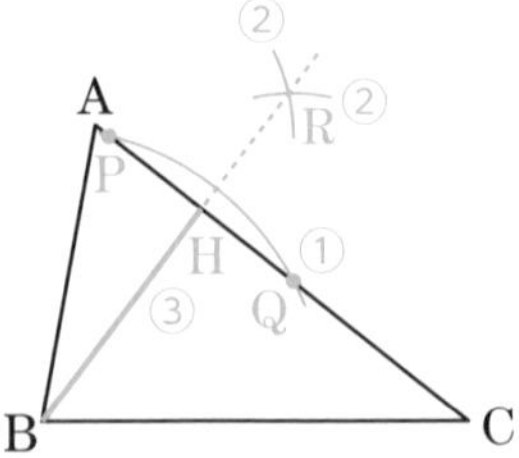

重要 3 右の図で，△ABC は，対称移動を1回だけ 用いて，△DEF と重ね合わせることができま す。このとき，その対称の軸を作図しなさい。

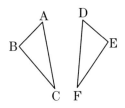

解き方 ① 点 A，D を中心として等しい半径の円 をかき，その交点を P，Q とする。

② 直線 PQ をひく。

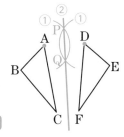

答え

重要 4 円とおうぎ形について，次の問いに答えなさい。ただし，円周率は π とします。

(1) 半径 4cm の円の周の長さと面積を求めなさい。

(2) 半径 8cm，中心角 135° のおうぎ形の弧の長さと面積を求めなさい。

ポイント
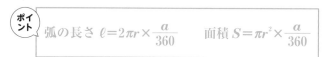

弧の長さ $\ell = 2\pi r \times \dfrac{a}{360}$ 面積 $S = \pi r^2 \times \dfrac{a}{360}$

解き方 (1) 円周 $2\pi \times 4 = 8\pi (\text{cm})$
半径

面積 $\pi \times 4^2 = 16\pi (\text{cm}^2)$
半径

答え 円周の長さ… 8πcm   面積… 16πcm^2

(2)

中心角
弧の長さ $2\pi \times 8 \times \dfrac{135}{360} = 6\pi (\text{cm})$
半径

中心角
面積 $\pi \times 8^2 \times \dfrac{135}{360} = 24\pi (\text{cm}^2)$
半径

答え 弧の長さ… 6πcm   面積… 24πcm^2

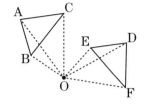

重要
1
1 右の図で, △DEF は, △ABC を点 O を中心として時計回りに 100°だけ回転させたものです。

(1) 線分 OB と長さの等しい線分はどれですか。

(2) ∠AOD の大きさは何度ですか。

ポイント 回転の中心から対応する点までの長さは等しくなります。

解き方 (1) 点 B に対応する点は E だから, 線分 OB と長さの等しい線分は OE である。

答え 線分 OE

(2) 点 A に対応する点は D だから, ∠AOD の大きさは, 回転した角度と等しくなる。

答え 100°

2 右の図の四角形 ABCD で, 辺 BC 上にあって, 2 点 A, D からの距離（きょり）が等しい点 P を作図しなさい。

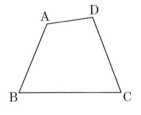

ポイント 2点 A, D からの距離が等しい点は,
辺 AD の垂直（すいちょく）二等分線上にあります。

解き方 ① 点 A, D を中心として等しい半径の円をかき, その交点を E, F とする。

② 直線 EF をひくと, 辺 BC との交点が P である。

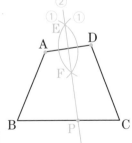

答え

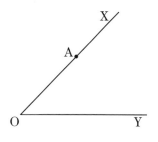

重要 3 右の図のように，∠XOY の辺 OX 上に
点 A があります。点 A で辺 OX に接し，
辺 OY にも接する円を作図しなさい。

> **ポイント** 2 つの辺 OX，OY からの距離が等しい
> 点は，∠XOY の二等分線上にあります。

解き方 ∠XOY の二等分線と，点 A を通る辺 OX の垂線の交点が中心となる。

① 点 O を中心とする円をかき，角の辺 OX，OY との交点をそ
れぞれ B，C とする。

② 点 B，C を中心として等しい半径の円をかき，その交点を D
とする。

③ 半直線 OD をひく。

④ 点 A を中心とする円をかき，辺 OX との交点を E，F とする。

⑤ 点 E，F を中心として等しい半径の円をかき，その交点を G
とする。

⑥ 直線 AG をひく。

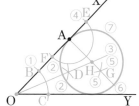

⑦ 半直線 OD と直線 AG の交点を H
とし，点 H を中心として，半径 HA
の円をかく。 　**答え**

重要 4 右の図は，半径 6cm，弧の長さ 5πcm のお
うぎ形です。中心角∠AOB の大きさと面積を
求めなさい。ただし，円周率は π とします。

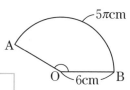

> **ポイント** 弧の長さ $\ell = 2\pi r \times \dfrac{a}{360}$ 　　面積 $S = \pi r^2 \times \dfrac{a}{360}$

解き方 中心角の大きさを $a°$ とすると，$5\pi = 2\pi \times 6 \times \dfrac{a}{360}$ より，$a = 150$

$$S = \pi \times 6^2 \times \frac{150}{360} = 15\pi\,(\text{cm}^2)$$ 　**答え** 中心角…150° 　面積…15πcm²

1 右の図のように，半径6cm，中心角50°
のおうぎ形OABと線分OA，OBを直径
とする半円をそれぞれかきます。このとき，
色を塗った部分の面積は何 cm² ですか。た
だし，円周率は π とします。

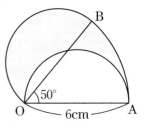

考え方

求める面積 ＝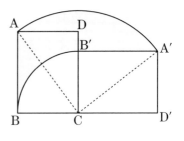

解き方 色を塗った部分の面積は，（線分OBを直径とする半円の面積）＋（お
うぎ形OABの面積）－（線分OAを直径とする半円の面積）で求められ
る。（線分OAを直径とする半円の面積）＝（線分OBを直径とする
半円の面積）なので，おうぎ形OABの面積を求めればよい。

よって，$\pi \times 6^2 \times \dfrac{50}{360} = 5\pi$（cm²）

答え 5πcm²

2 右の図で，四角形ABCDは，AB＝
4cm，BC＝3cm，AC＝5cmの長方形
で，四角形A′B′CD′は，四角形ABCD
を点Cを中心として時計回りに90°だ
け回転移動したものです。また，円周
率は π とします。

(1) 点Aが移動した長さは何 cm ですか。

(2) 辺ABが移動した部分に色を塗りました。色を塗った部分の面積は
何 cm² ですか。

考え方

⑵求める面積＝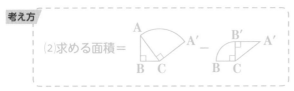

解き方 (1)　点 A が移動した長さは，半径 5cm，中心角 90° のおうぎ形の弧の長さと等しいから，

$$2\pi \times 5 \times \frac{90}{360} = \frac{5}{2}\pi \,(\text{cm})$$

答え $\frac{5}{2}\pi$cm

(2)　色を塗った部分の面積は，（△ABC の面積）＋（おうぎ形 CAA′ の面積）－（おうぎ形 CBB′ の面積）－（△A′B′C の面積）で求められる。

（△ABC の面積）＝（△A′B′C の面積）なので，求める面積は，（おうぎ形 CAA′ の面積）－（おうぎ形 CBB′ の面積）となる。

よって，$\pi \times 5^2 \times \frac{90}{360} - \pi \times 3^2 \times \frac{90}{360} = 4\pi \,(\text{cm}^2)$

答え 4πcm^2

3　折り紙 ABCD を図1のように，辺 AB と辺 DC が重なるように折ったあと，図2のように，点 C が折り目 EF 上にくるように折りました。このときの折り目となる線分 BG を作図しなさい。

図1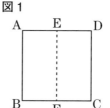

図2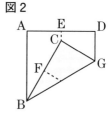

考え方　折ったあとの点 C の位置を作図してから，折り目となる線分 BG を作図します。

解き方 ①　点 B を中心として半径が BC の円をかき，線分 EF との交点を P とする。

②　点 P，C を中心として等しい半径の円をかき，その交点を Q，R とする。

③　辺 CD と直線 QR の交点を G として，線分 BG をひく。

答え

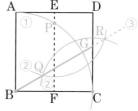

練習問題

答え：別冊 p.22 ～ p.24

[重要] **1**　右の図で，△DEF は，△ABC を直線 ℓ を対称（たいしょう）の軸（じく）として対称移動させたものです。線分 BE と直線 ℓ の交点を P とします。次の問いに答えなさい。

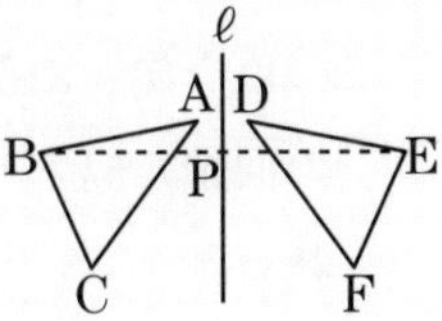

(1)　線分 BE と直線 ℓ の関係を，記号を使って表しなさい。

(2)　BE＝16cm のとき，線分 BP の長さは何 cm ですか。

[重要] **2**　右の図は，「麻（あさ）の葉」と呼（よ）ばれる文様の一部です。正六角形を 18 個の合同な二等辺三角形㋐～㋡に分けた図形になっています。次の問いに答えなさい。

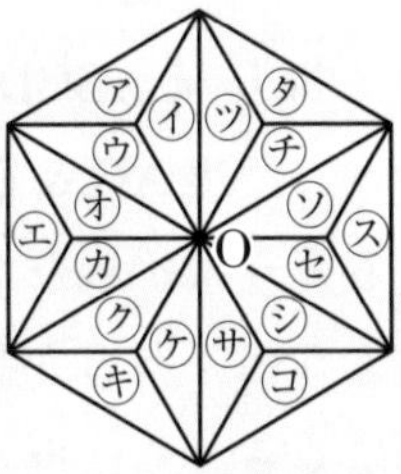

(1)　三角形㋐を，平行移動だけで重ね合わせることのできる三角形はどれですか。㋑～㋡の中からすべて選びなさい。

(2)　三角形㋐を，正六角形の対角線を対称の軸として対称移動させて重ね合わせることができる三角形はどれですか。㋑～㋡の中からすべて選びなさい。

(3)　三角形㋐を，点 O を中心として時計回りに 240° だけ回転移動させて重ね合わせることができる三角形はどれですか。㋑～㋡の中から 1 つ選びなさい。

3　右の図のように，線分 AB があります。∠ABP＝135° となる点 P を，線分 AB の上側に作図しなさい。

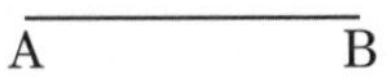

重要

4 右の図のような四角形の紙があります。この紙を1回だけ折るとき，次の問いに答えなさい。

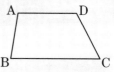

(1) 点Aと点Cが重なるように折るとき，折り目となる直線を作図しなさい。

(2) 辺BCと辺DCが重なるように折るとき，折り目となる直線を作図しなさい。

重要

5 右の図のように，直線 ℓ と2点A，Bがあります。直線 ℓ 上に，AP＋PBが最小になるような点Pを作図しなさい。

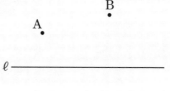

6 右の図は，半径12cm，弧の長さ10πcmのおうぎ形です。中心角∠AOBの大きさと面積を求めなさい。ただし，円周率はπとします。

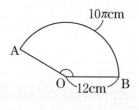

7 右の図は，半径がそれぞれ6cmと9cmで，中心角がともに120°のおうぎ形を組み合わせたものです。次の問いに答えなさい。ただし，円周率はπとします。

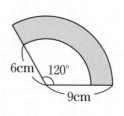

(1) 色を塗った部分のまわりの長さは何cmですか。

(2) 色を塗った部分の面積は何cm²ですか。

3-4 空間図形

1 直線や平面の位置関係

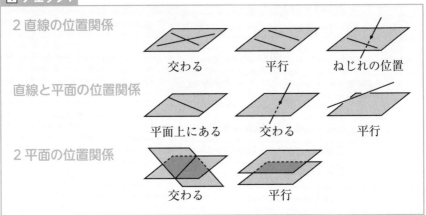

2直線の位置関係　交わる　平行　ねじれの位置

直線と平面の位置関係　平面上にある　交わる　平行

2平面の位置関係　交わる　平行

例1　右の図の直方体で，直線 AB と平行な平面
　　は，平面 CDHG と平面 EFGH です。

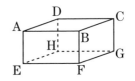

2 立体の見方

回転体…1つの平面図形を，その平面上の直線 ℓ のまわりに1回転さ
せてできる立体

例1 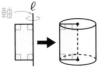　例2 　例3

 正方形を，その1辺を含む直線を軸として1回転させてできる立体
の名前を書きなさい。　　　　　　　　　　　　　　　　　　答え　円柱

☑ **チェック！**

> 立面図…立体を真正面から見た図
>
> 平面図…立体を真上から見た図
>
> 投影図（とうえいず）…立面図と平面図を使って表した図

例1 円柱の投影図

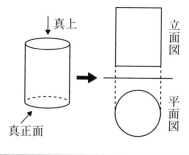

例2 四角錐（しかくすい）の投影図

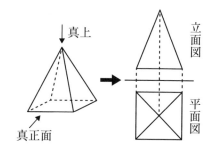

3 立体の表面積と体積

☑ **チェック！**

立体の表面積

角柱・円柱の表面積 $S=$（側面積）＋（底面積）×2 （S：表面積）

角錐・円錐の表面積 $S=$（側面積）＋（底面積） （S：表面積）

球の表面積 $S=4\pi r^2$ （S：表面積，r：半径）

立体の体積

角柱・円柱の体積 $V=Sh$ （V：体積，S：底面積，h：高さ）

角錐・円錐の体積 $V=\dfrac{1}{3}Sh$ （V：体積，S：底面積，h：高さ）

球の体積 $V=\dfrac{4}{3}\pi r^3$ （V：体積，r：半径）

例1 底面積が $36\pi\mathrm{cm}^2$，高さが $5\mathrm{cm}$ の円錐の体積 V

$$V=\frac{1}{3}\times36\pi\times5=60\pi(\mathrm{cm}^3)$$

4 正多面体

多面体…いくつかの平面で囲まれている立体を多面体といいます。

多面体は，その面の数によって，四面体，五面体，六面体，

…などといいます。

正多面体…多面体のうち，次の2つの性質をもち，へこみのないもの

を正多面体といいます。

・どの面もすべて合同な正多角形である。

・どの頂点にも面が同じ数だけ集まっている。

正多面体は次の5種類しかないことが知られています。

正四面体　　　　正六面体　　　　　　正八面体

　　　　　　　　（立方体）

正十二面体　　　　　　正二十面体

	面の形	面の数	辺の数	頂点の数	1つの頂点に集まる面の数
正四面体	正三角形	4	6	4	3
正六面体	正方形	6	12	8	3
正八面体	正三角形	8	12	6	4
正十二面体	正五角形	12	30	20	3
正二十面体	正三角形	20	30	12	5

重要 1 右の図のような三角柱があります。

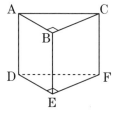

(1) 平面 ABC と平行な直線をすべて書きなさい。

(2) 直線 BE と垂直な直線をすべて書きなさい。

(3) 直線 AD とねじれの位置にある辺をすべて書きなさい。

解き方 (1) 平面 ABC と平行な直線は，直線 DE，EF，DF である。

答え 直線 DE，EF，DF

(2) 直線 BE と垂直な直線は，直線 AB，BC，DE，EF である。

答え 直線 AB，BC，DE，EF

(3) 右の図のように，直線 AD と交わる辺に○印，平行な辺に×印をつけると，印がつかない辺がねじれの位置にある辺となる。

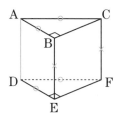

答え 辺 BC，EF

重要 2 次の立体の表面積は何 cm² ですか。ただし，円周率は π とします。

(1) 円柱

(2) 正四角錐

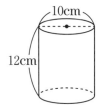

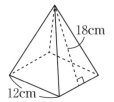

ポイント

(1)円柱を展開すると，側面は長方形になり，その横の長さは底面の円周の長さと等しいです。

(2)正四角錐は，底面が正方形で，側面が合同な二等辺三角形です。

解き方 (1)　右の展開図のように，側面は長方形
　　　　で，その横の長さは底面の円周の長さと
　　　　等しい。

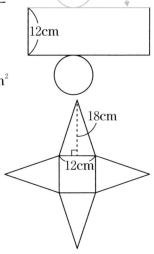

$$12 \times 10\pi + \pi \times 5^2 \times 2$$

　　　　$\underline{側面積}$　$\underline{底面積}$

$$= 170\pi \, (\text{cm}^2)$$　**答え**　$170\pi\text{cm}^2$

(2)　右の展開図のように，側面は合同
　　な二等辺三角形4つで，底面は正方
　　形となる。

$$\frac{1}{2} \times 12 \times 18 \times 4 + 12 \times 12$$

　　$\underline{側面積}$　$\underline{底面積}$

$$= 576 \, (\text{cm}^2)$$　**答え**　576cm^2

重要 3　次の立体の体積は何 cm^3 ですか。ただし，円周率は π とします。

(1)　三角柱　　　　　　　　　　(2)　円錐

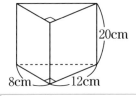

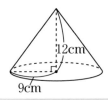

ポイント　角柱・円柱の体積　$V = Sh$　　　角錐・円錐の体積　$V = \dfrac{1}{3}Sh$

解き方 (1)　$\dfrac{1}{2} \times 8 \times 12 \times 20 = 960 \, (\text{cm}^3)$　　　**答え**　960cm^3

　　　　　　$\underline{底面積}$　$\underline{高さ}$

(2)　$\dfrac{1}{3} \times \pi \times 9^2 \times 12 = 324\pi \, (\text{cm}^3)$　　　**答え**　$324\pi\text{cm}^3$

　　　$\underline{底面積}$ $\underline{高さ}$

重要 1 右の図はある立体の展開図です。四角形 ABCD は 1 辺の長さが 6cm の正方形で，点 E，F はそれぞれ辺 BC，CD の中点です。この展開図を組み立ててできる立体について，次の問いに答えなさい。

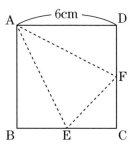

(1) 立体の名前を書きなさい。

(2) この立体の表面積は何 cm² ですか。

(3) この立体の体積は何 cm³ ですか。

考え方 (2)展開図の面積が立体の表面積になります。

解き方 (1) 展開図を組み立てると，右のような三角錐になる。

 三角錐

(2) 立体の表面積は展開図の面積と等しいので，

$6 \times 6 = 36 (cm^2)$

 36cm²

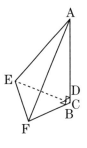

(3) △CEF を底面とすると，高さは辺 AB になる。

よって，体積は，$\dfrac{1}{3} \times \dfrac{1}{2} \times 3 \times 3 \times 6 = 9 (cm^3)$

答え 9cm³

2 正八面体について，次の問いに答えなさい。

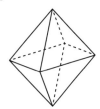

(1) 面の形を書きなさい。

(2) 面の数はいくつですか。

(3) 辺の数は何本ですか。

(4) 1 つの頂点に集まる面の数はいくつですか。

解き方 (1) 上の図より，正三角形とわかる。 **答え** 正三角形

(2) 上の図より，8 つとわかる。 **答え** 8 つ

(3) 上の図より，12 本とわかる。 **答え** 12 本

(4) 上の図より，4 つとわかる。 **答え** 4 つ

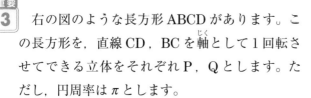

重要 ③ 右の図のような長方形 ABCD があります。この長方形を，直線 CD，BC を軸として 1 回転させてできる立体をそれぞれ P，Q とします。ただし，円周率は π とします。

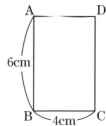

(1) 立体 P，Q はどちらも同じ名前の立体になります。もっとも適切な名前を書きなさい。

(2) 立体 P の体積は立体 Q の体積の何倍ですか。

解き方 (1) 立体 P，Q はそれぞれ下の図のようになり，円柱であることがわかる。 **答え** 円柱

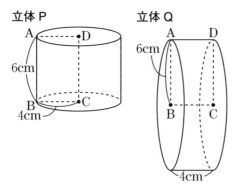

(2) 立体 P の体積は，$\pi \times 4^2 \times 6 = 96\pi\,(\mathrm{cm}^3)$

立体 Q の体積は，$\pi \times 6^2 \times 4 = 144\pi\,(\mathrm{cm}^3)$

よって，立体 P の体積は立体 Q の体積の，$96\pi \div 144\pi = \dfrac{2}{3}$（倍）である。

答え $\dfrac{2}{3}$倍

1 　右の図のように，1辺6cmの立方体から，三角錐 ABCF を切り取ります。三角錐 ABCF を切り取った立体を P とします。

(1) 　立体 P で，直線 AD とねじれの位置にある辺をすべて書きなさい。

(2) 　立体 P から，三角錐 ACDH，三角錐 AEFH，三角錐 CFGH を切り取ります。残った立体の体積は何 cm³ ですか。

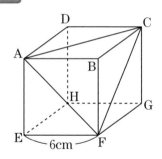

考え方
(1)立体 P の見取図をかいて考えます。

(2)立方体の体積から，切り取った立体の体積をひきます。

解き方 (1) 　立体 P は右の図のようになる。直線 AD と交わる辺に○印，平行な辺に×印をつけると，印がつかない辺がねじれの位置にある辺となる。

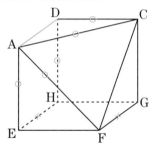

答え 辺 CG，EF，GH，CF

(2) 　立体 P から3つの三角錐を切り取ると，右の図のようになる。切り取った4つの三角錐の体積はすべて等しい。よって，残った立体の体積は，

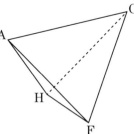

$$\underset{\substack{\text{立方体}\\\text{の体積}}}{6×6×6}-\frac{1}{3}×\underset{\substack{\text{底面積}}}{6×6}×\underset{\substack{\text{高さ}}}{\frac{1}{2}×6}×4=72(\text{cm}^3)$$

答え 72cm³

2 右の図で，△ABC は AB=9cm，AC
=12cm，BC=15cm，∠BAC=90°の
直角三角形です。点 P は辺 AC 上の点
で，PC=4cm です。点 P を通り辺 AB
と平行な直線と辺 BC の交点を Q とす
ると，PQ=3cm，CQ=5cm です。

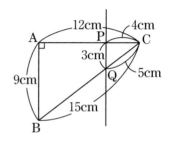

△ABC を，直線 PQ を軸として 1 回転させるとき，次の問いに答え
なさい。ただし，円周率は π とします。

(1) できる立体の体積は何 cm³ ですか。

(2) できる立体の表面積は何 cm² ですか。

考え方 右のような，円柱から円錐を取り除いた
立体ができます。

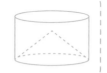

解き方 (1) できる立体は，右の図のよう
な，底面の半径が 8cm，高さが
9cm の円柱から，底面の半径が
8cm，高さが，9−3=6(cm)の円
錐を取り除いたものになるから，
体積は，

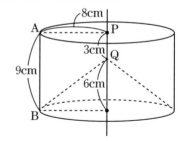

$$\pi \times 8^2 \times 9 - \frac{1}{3} \times \pi \times 8^2 \times 6$$

$$=448\pi(\text{cm}^3)$$

答え 448πcm³

(2) 表面積は，(円柱の底面積)＋(円柱の側面積)＋(円錐の側面積)
となる。円錐は，半径 8cm，母線の長さは，15−5=10(cm)なの
で，側面積は，$\pi \times 10^2 \times \dfrac{2\pi \times 8}{2\pi \times 10}=80\pi(\text{cm}^2)$

よって，表面積は，$\pi \times 8^2 + 9 \times (2\pi \times 8) + 80\pi = 288\pi(\text{cm}^2)$

答え 288πcm²

重要 1 　右の立体は，底面が台形になっている四角柱です。この立体について，次の問いに答えなさい。

(1) 　直線 DH と垂直な辺をすべて書きなさい。

(2) 　平面 DCGH と垂直な面をすべて書きなさい。

(3) 　直線 AE と平行な面をすべて書きなさい。

(4) 　直線 AD とねじれの位置にある辺をすべて書きなさい。

重要 2 　次の立体の体積と表面積を求めなさい。ただし，円周率は π とします。

(1) 　三角柱

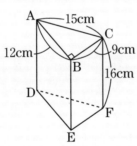

(2) 　円錐

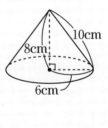

(3) 　円柱

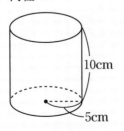

(4) 　半球（球を半分にしたもの）

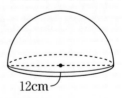

[3] 右の図は，円錐(えんすい)から半球を取(と)り除(のぞ)いた立体です。この立体の体積と表面積を求めなさい。ただし，円周率は π とします。

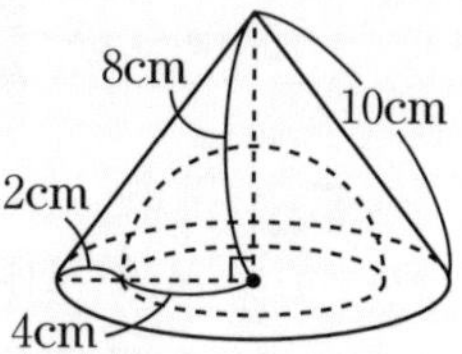
8cm
10cm
2cm
4cm

[重要]
[4] 下の4つの図の中に，三角錐の投影図(とうえいず)があります。三角錐の投影図はどれですか。㋐～㋓の中から1つ選びなさい。

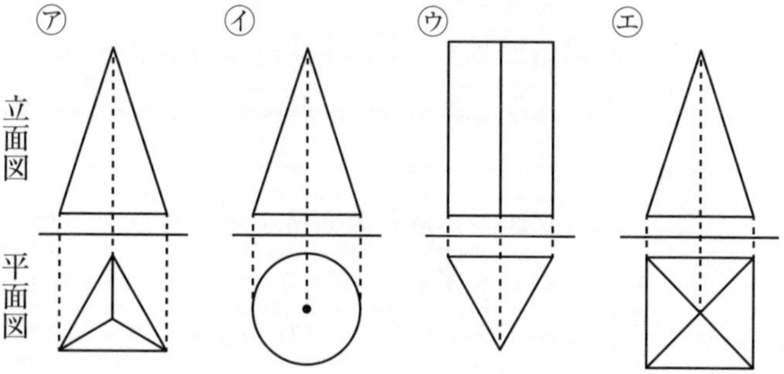
㋐
㋑
㋒
㋓
立面図
平面図

[重要]
[5] 右の図は，円錐の展開図(てんかいず)です。組み立てたときにできる円錐について，次の問いに答えなさい。ただし，円周率は π とします。

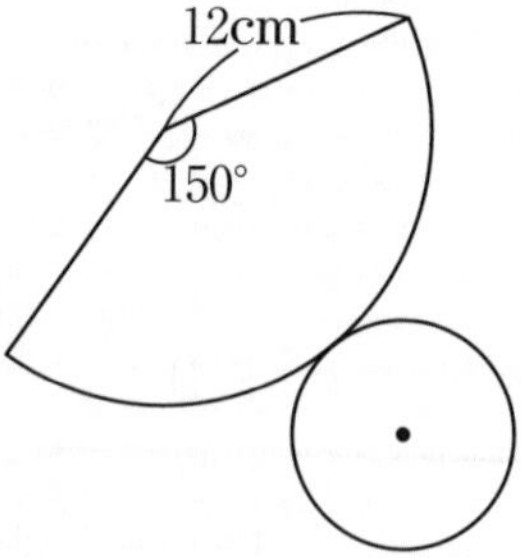
12cm
150°

(1) 底面の半径を求めなさい。

(2) 表面積を求めなさい。

6 右の図のように，高さが
6cm の円柱の容器に球がぴっ
たり入っています。次の問いに
答えなさい。ただし，円周率は
π とします。

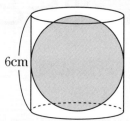

6cm

(1) 円柱の容器の容積は何 cm³ ですか。

(2) 球の体積は，円柱の容器の容積の何倍ですか。

7 右の図の長方形 ABCD を，直線
CD と直線 BC を軸として，1 回転
させてできる立体をそれぞれ P，Q
とするとき，次の問いに答えなさい。

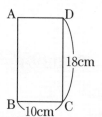

A   D

18cm

B   10cm   C

(1) 立体 P と立体 Q はそれぞれ何と
いう立体ですか。もっとも適切な名前で書きなさい。

(2) 立体 P と立体 Q の体積の比を求めなさい。

(3) 立体 P と立体 Q の表面積の比を求めなさい。

3-5 平行と合同

1 平行線と角

☑チェック！

対頂角の性質…対頂角は等しいです。

同位角，錯角の性質…

2つの直線が平行ならば，同位角，錯角はそれぞれ等しいです。

同位角または錯角が等しいならば，2つの直線は平行です。

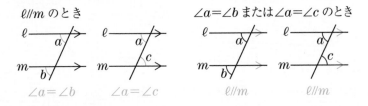

2 多角形の角

☑チェック！

内角，外角…右の四角形 ABCD で，∠BCD を
頂点 C における内角，∠BCE や
∠DCF を外角といいます。

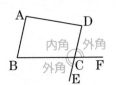

三角形の内角，外角の性質…

三角形の内角の和は，180°です。

三角形の外角の大きさは，それととなり合わない

2つの内角の和に等しいです。

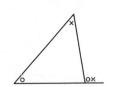

多角形の内角，外角…

n 角形の内角の和は，$180° \times (n-2)$ です。

多角形の外角の和は，360°です。

☑ **チェック！**

合同…平面上の2つの図形について，一方を移動して他方に重ね合わせることができるとき，2つの図形は合同であるといいます。

△ABC と△DEF が合同であることを記号≡を用いて，

△ABC≡△DEF のように表します。

合同な図形の性質…合同な図形では，対応する線分の長さ，角の大きさはそれぞれ等しくなります。

三角形の合同条件…

2つの三角形は，次の条件のうち，いずれかが成り立つとき，合同になります。

① 3組の辺がそれぞれ等しい。

② 2組の辺とその間の角がそれぞれ等しい。

③ 1組の辺とその両端の角がそれぞれ等しい。

例1 右の図の△ABD と△CBD において，
AB＝CB，∠ABD＝∠CBD であるとき，
辺 BD は共通なので，三角形の合同条件
「2組の辺とその間の角がそれぞれ等しい」
が成り立ち，△ABD≡△CBD です。

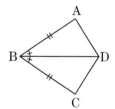

重要 1 次の図で，$\ell \parallel m$ のとき，$\angle x$ の大きさは何度ですか。

(1)

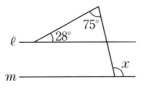

(2)

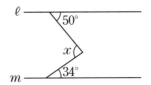

考え方 (1)平行線の同位角と錯角は等しいことを利用します。

(2)$\angle x$ の頂点を通り，直線 ℓ と m に平行な直線をひきます。

解き方 (1)

$$\angle x = 28° + 75°$$
$$= 103°$$

答え 103°

(2)

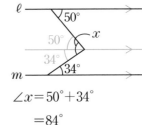

$$\angle x = 50° + 34°$$
$$= 84°$$

答え 84°

重要 2 正十二角形の1つの内角の大きさは何度ですか。また，1つの外角の大きさは何度ですか。

ポイント 正多角形の1つの内角の大きさ，1つの外角の大きさは，それぞれすべて等しくなります。

解き方 正十二角形の内角の和は，$180° \times (n-2)$ に $n = 12$ を代入して，

$$180° \times (12-2) = 180° \times 10 = 1800°$$

よって，1つの内角の大きさは，

$$1800° \div 12 = 150°$$

多角形の外角の和は 360° だから，1つの外角の大きさは，

$$360° \div 12 = 30°$$

答え 内角…150° 外角…30°

3 次の図で，∠x の大きさは何度ですか。

(1) 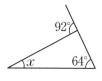　　　　(2)

　三角形の外角の大きさは，それととなり合わない
2 つの内角の和に等しいです。

解き方 (1)　∠x＋64°＝92° だから，∠x＝92°－64°＝28°

答え　28°

(2)　∠x＋35°＝48°＋41°

∠x＋35°＝89°

∠x＝89°－35°＝54°

答え　54°

4 次の図で，∠x の大きさは何度ですか。

(1) 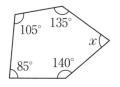　　　　(2)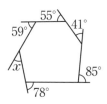

　n 角形の内角の和＝180°×(n−2)

多角形の外角の和＝360°

解き方 (1)　五角形の内角の和は，180°×(5−2)＝540°

よって，∠x＝540°－(135°＋105°＋85°＋140°)

＝75°

答え　75°

(2)　多角形の外角の和は 360° だから，

∠x＝360°－(78°＋85°＋41°＋55°＋59°)

＝42°

答え　42°

応用問題

重要 1 正多角形について，次の問いに答えなさい。

(1) 1つの内角が$165°$の正多角形は，正何角形ですか。

(2) 1つの外角が$45°$の正多角形は，正何角形ですか。

解き方 (1) 求める正多角形を正n角形とすると，

$$180°×(n-2)=165°×n$$

これを解いて，$n=24$　　　　**答え** 正二十四角形

(2) 求める正多角形を正n角形とすると，$360°÷n=45°$

これを解いて，$n=8$　　　　**答え** 正八角形

重要 2 次の図で，$∠x$の大きさは何度ですか。ただし，同じ印をつけた角の大きさは等しいものとします。

(1) 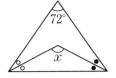　　　(2)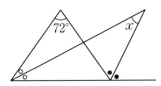

考え方
(1) $72°+∠○+∠○+∠●+∠●=180°$と表せます。
(2) $72°+∠○+∠○=∠●+∠●$と表せます。

解き方 (1) $∠○=∠a$，$∠●=∠b$とすると，

$2∠a+2∠b=180°-72°=108°$だから，$∠a+∠b=108°÷2=54°$

$∠a+∠b+∠x-180°$より，$∠x=180°-54°=126°$

答え $126°$

(2) $∠○=∠a$，$∠●=∠b$とすると，

$2∠a+72°=2∠b$だから，$∠b-∠a=72°÷2=36°$

$∠x+∠a=∠b$より，$∠x=∠b-∠a=36°$

答え $36°$

重要
3 右の図のような長方形の紙がありま
す。辺 AD 上に点 E を，辺 BC 上に
点 F をとり，線分 EF を折り目とし
て，この紙を折り返しました。このと
き，頂点 A，B が移った点をそれぞ
れ G，H とします。∠HFC＝40°のと
き，∠GEF の大きさは何度ですか。

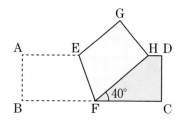

解き方 ∠EFH＝∠a とすると，折り返して
いるので，∠EFB＝∠EFH＝∠a

$2\angle a+40°=180°$ より，$\angle a=70$

AD∥BC より，錯角は等しいから，

∠AEF＝∠EFC＝70°＋40°＝110°

折り返しているので，∠GEF＝∠AEF＝110°

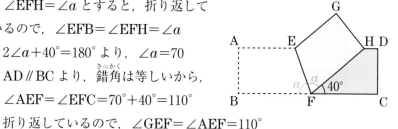

答え 110°

4 右の図で，△ABC と△DEF は，
AB＝DE，BC＝EF です。あと 1
つ条件を加えて，△ABC と△DEF
が合同になるようにします。加え
る条件として考えられるものをす
べて書きなさい。

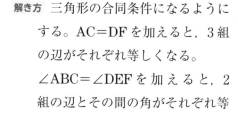

解き方 三角形の合同条件になるように
する。AC＝DF を加えると，3 組
の辺がそれぞれ等しくなる。

∠ABC＝∠DEF を加えると，2
組の辺とその間の角がそれぞれ等
しくなる。

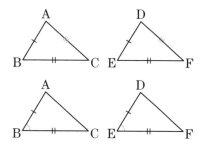

答え AC＝DF，∠ABC＝∠DEF

1 　右の図のように，正方形の紙を，線分 EK を折り目として折り返しました。∠CKJ＝38°のとき，∠FEG の大きさは何度ですか。

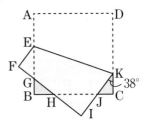

考え方 　対頂角，同位角，錯角などに着目します。

解き方1 　∠CKJ＝∠a，∠CJK＝∠b とすると，対頂角は等しいので，∠IJH＝∠b となる。また，∠I＝∠C＝90°より，∠IHJ＝∠a となる。同様に考えると，図1のように，∠FEG＝∠a とわかる。

　　　よって，∠FEG＝∠CKJ＝38°となる。

図1

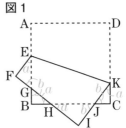

解き方2 　図2のように，紙を折り返しているので，∠IKE＝∠DKE より，∠IKE＋∠DKE＋38°＝180°なので，∠IKE＝∠DKE＝71°となる。また，AB∥DC より錯角が等しいので，∠KEB＝∠DKE＝71°となる。四角形EFIK の内角に着目すると，90°＋90°＋71°＋71°＋∠FEG＝360°となる。

　　　よって，∠FEG＝38°となる。

図2

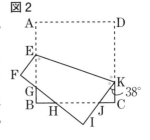

解き方3 　図3のように，線分 EK を含む直線 XY をひく。AB∥DC より同位角が等しいので，∠XEG＝∠XKC となる。また，EF∥KI より同位角が等しいので，∠XEF＝∠XKJ となる。∠FEG＝∠XEG－∠XEF，∠CKJ＝∠XKC－∠XKJ より，∠FEG＝∠CKJ となる。

　　　よって，∠FEG＝38°となる。

図3

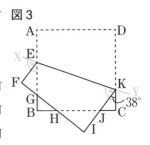

答え 　38°

重要 1 次の図で，ℓ∥m のとき，∠x の大きさは何度ですか。

(1)

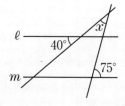

(2)

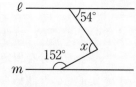

重要 2 多角形について，次の問いに答えなさい。

(1) 十五角形の内角の和は何度ですか。

(2) 1つの外角の大きさが 36° である正多角形は正何角形ですか。

重要 3 右の図のように，△ABC の辺 AB，BC 上 に，BD＝DE＝AE となるように，それぞれ点 D，E をとります。∠ABC＝a° として，∠AEC の大きさを a を用いて表しなさい。

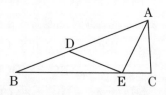

4 たろうさんとさとしさんが，それぞれ下の(1)～(3)の三角形をかきます。2人がかく三角形は，必ず合同になるといえますか。

(1) 1辺の長さが 9cm の正三角形

(2) 2つの内角が 50° と 70° の三角形

(3) 2つの辺の長さが 5cm と 7cm で，1つの内角が 40° の三角形

3-6 証明

1 証明のしくみ

✓ チェック！

仮定，結論…「○○○ならば□□□」ということがらがあるとき，○○○の部分を仮定，□□□の部分を結論といいます。

証明…すでに正しいと認められていることがらを根拠として，仮定から結論を導くことを証明といいます。

例1 「△ABC と△DBC において，AC＝DB，∠ACB＝∠DBC ならば，AB＝DC である。」では，仮定が「AC＝DB，∠ACB＝∠DBC」，結論が「AB＝DC」です。

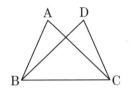

例2 例1において，「AC＝DB，∠ACB＝∠DBC ならば，AB＝DC である。」を証明する場合，根拠となることがらに注意して筋道をまとめると，次のようになります。

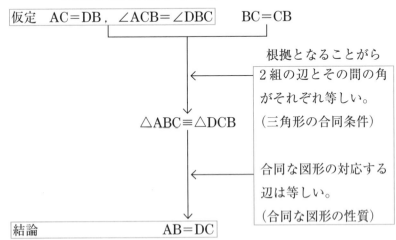

△ABC と△DCB において，

仮定　AC＝DB，∠ACB＝∠DBC　　BC＝CB

根拠となることがら

△ABC≡△DCB

2組の辺とその間の角がそれぞれ等しい。
（三角形の合同条件）

合同な図形の対応する辺は等しい。
（合同な図形の性質）

結論　　　　　　AB＝DC

2 反例

☑チェック！

逆…あることがらの仮定と結論をいれかえたもの

元のことがらが正しいときも，その逆は必ずしも正しいとは限りません。

例1 「△ABC において，∠A＝90°ならば，△ABC は直角三角形である。」は正しいことがらです。

　仮定　　　　　　　　　　　　結論

　このことがらの逆は，「△ABC が直角三角形ならば，∠A＝90°である。」ですが，このことがらは正しくありません。

☑チェック！

反例…あることがらが成り立たないことを示す例

例1 △ABC と△DEF において，

「△ABC＝△DEF ならば，

△ABC≡△DEF である。」は，

右の図の三角形①と三角形②

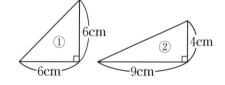

のように，面積がともに 18cm² で等しいが合同ではない場合を反例として示すことで，正しくないことを説明できます。

テスト 次のことがらの逆を書きなさい。また，それが正しいかどうか調べ，正しくない場合は反例を示しなさい。

　「正方形は，4つの内角がすべて直角である。」

答え 逆… 4つの内角がすべて直角である四角形は，正方形である。

　　 正誤…正しくない。

　　 反例…長方形

基本問題

[1] 右の図で，AB＝DB，BC＝BE ならば，AC＝DE であることを証明します。どの三角形とどの三角形が合同であることを示せばよいですか。

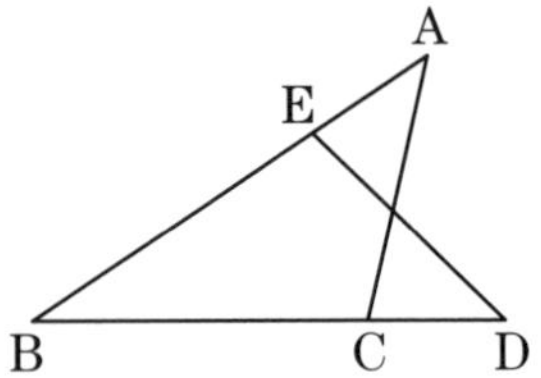

[解き方] 線分 AC，DE をそれぞれ辺にもつ三角形であれば，合同を示すことで長さが等しいことを証明できるので，△ABC と△DBE となる。

[答え] △ABC と△DBE

[重要]
[2] 右の図で，点 O が線分 AB，CD の中点であるとき，AC＝BD であることを次のように証明しました。㋐～㋓にあてはまる記号や言葉を書きなさい。

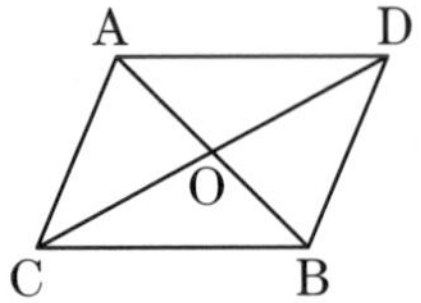

証明

△AOC と△BOD において，

仮定より，AO＝[㋐]…①

CO＝[㋑]…②

対頂角(たいちょうかく)は等しいので，

∠AOC＝[㋒]…③

①，②，③より，2 組の辺とその間の角がそれぞれ等しいので，

△AOC≡△BOD

合同な図形の対応する[㋓]は等しいので，

AC＝BD

[解き方] 対応する頂点や根拠(こんきょ)となることがらをもとに，等しい辺や角などを求める。

[答え] ㋐… BO ㋑… DO ㋒…∠BOD ㋓…辺

重要
3 次のことがらの逆を書きなさい。

(1) △ABC≡△DEF ならば，∠ABC＝∠DEF である。

(2) 二等辺三角形は2辺の長さが等しい三角形である。

ポイント ことがら「○○○ならば□□□」の逆は「□□□ならば○○○」

解き方 (1) 仮定は「△ABC≡△DEF」，結論は「∠ABC＝∠DEF」なので，これらを入れかえて「∠ABC＝∠DEF ならば，△ABC≡△DEF である。」となる。

答え ∠ABC＝∠DEF ならば，△ABC≡△DEF である。

(2) 仮定は「二等辺三角形」，結論は「2辺の長さが等しい」なので，これらを入れかえて「ある三角形の2辺の長さが等しいならば，その三角形は二等辺三角形である。」となる。

答え ある三角形の2辺の長さが等しいならば，その三角形は二等辺三角形である。

4 次のことがらが正しいか正しくないか書きなさい。また，正しくない場合は反例を示しなさい。

「△ABC と△DEF において，対応する3つの内角が等しいならば，△ABC≡△DEF である。」

解き方 たとえば，右の図のように，対応する内角がともに等しいが合同でない場合があるため，ことがらは正しくないことがわかる。

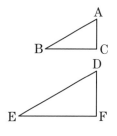

答え 正誤…正しくない。

反例…(例)△DEF が△ABC の拡大図
△DEF が△ABC の縮図

重要

1 右の図で，四角形 ABCD は AD∥BC です。対角線 AC の中点を E とし，線分 DE の延長と辺 BC の交点を F とするとき，△AED≡△CEF であることを証明しなさい。

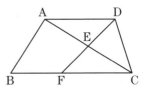

解き方 辺 AD と BC が平行なので，平行線の錯角が等しいことを利用する。

答え △AED と△CEF において，

仮定より，AE＝CE …①

対頂角は等しいので，∠AED＝∠CEF …②

AD∥BC より，錯角は等しいので，

∠DAE＝∠FCE …③

①，②，③より，1 組の辺とその両端の角がそれぞれ等しいので，

△AED≡△CEF

2 右の図で，四角形 ABCD と四角形 ECFG が正方形であるとき，△BCE≡△DCF であることを証明しなさい。

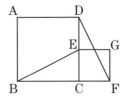

解き方 正方形の辺と角がすべて等しいことを利用する。

答え △BCE と△DCF において，

四角形 ABCD と四角形 ECFG が正方形なので，

BC＝DC …①

CE＝CF …②

∠BCE＝∠DCF …③

①，②，③より，2 組の辺とその間の角がそれぞれ等しいので，

△BCE≡△DCF

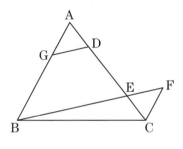

3 右の図のように，△ABC の辺 AC
上に AD＝CE となる点 D，E をとり
ます。点 C を通り辺 AB に平行な直
線と直線 BE の交点を F，点 D を通
り線分 BF に平行な直線と辺 AB の交
点を G とするとき，GD＝FE である
ことを証明しなさい。

考え方
問題で与えられている条件を図に
書き込んで，わかっていることを
整理します。

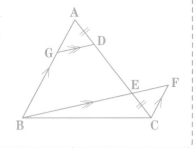

解き方 線分 GD と FE をそれぞれ辺にもつ三角形であれば，合同を示すこ
とで長さが等しいことを証明できる。

答え △AGD と△CFE において，

仮定より，AD＝CE …①

AB∥CF より，錯角が等しいので，

∠GAD＝∠FCE …②

GD∥BE より，同位角は等しいので，

∠ADG＝∠DEB …③

対頂角は等しいので，∠CEF＝∠DEB …④

③，④より，∠ADG＝∠CEF …⑤

①，②，⑤より，1 組の辺とその両端の角がそれぞれ等しい
ので，

△AGD≡△CFE

合同な図形の対応する辺は等しいので，

GD＝FE

1 図1で，△ABC と△ADE は正三角形で，点 D は辺 BC の延長上にあります。

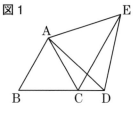

図1

(1) △ABD≡△ACE であることを証明しなさい。

(2) ななさんは，△ADE が△ABC の拡大図であることに着目し，図2のような，∠BAC＝∠DAE である2つの二等辺三角形でも△ABD≡△ACE が証明できるのではないかと考えました。△ABC が AB＝AC の二等辺三角形，△ADE が AD＝AE の二等辺三角形のとき，△ABD≡△ACE であることを証明しなさい。

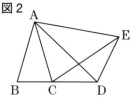

図2

解き方 (1) 正三角形の辺と角がすべて等しいことを利用する。

答え △ABD と△ACE において，

△ABC と△ADE は正三角形なので，

AB＝AC …①，　AD＝AE …②

∠BAD＝60°＋∠CAD，　∠CAE＝60°＋∠CAD より，

∠BAD＝∠CAE …③

①，②，③より，2組の辺とその間の角がそれぞれ等しいので，

△ABD≡△ACE

(2) 二等辺三角形になっても変わらない性質を利用する。

答え △ABD と△ACE において，

仮定より，AB＝AC …①，　AD＝AE …②

∠BAD＝∠BAC＋∠CAD，　∠CAE＝∠DAE＋∠CAD より，

∠BAC＝∠DAE なので，∠BAD＝∠CAE …③

①，②，③より，2組の辺とその間の角がそれぞれ等しいので，△ABD≡△ACE

1 次のことがらの逆を書き，それが正しいか正しくない か書きなさい。また，正しくない場合は反例を示しなさい。

「△ABC において，正三角形ならば，∠A＝60°である。」

重要
2 右の図で，AB＝AC です。線分 AB 上に点 D，線分 AC 上に点 E を， ∠ABE＝∠ACD となるようにとり ます。このとき，∠AEB＝∠ADC で あることを証明します。次の問いに 答えなさい。

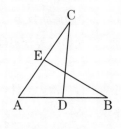

(1) どの三角形とどの三角形の合同を示せばよいですか。

(2) ∠AEB＝∠ADC であることを証明しなさい。

重要
3 右の図で，四角形 ABCD は AD∥BC の台形です。M は辺 CD の中点で，E は線分 AM の 延長と辺 BC の延長の交点です。

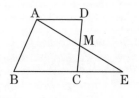

このとき，AD＝CE であることを証明しなさい。

重要
4 右の図で，四角形 ABCD は正方形で す。辺 AB 上に点 E，辺 BC 上に点 F を，AE＝BF となるようにとるとき， △AED≡△BFA であることを証明し なさい。

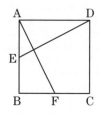

3-7 三角形，四角形

1 二等辺三角形，直角三角形

☑ **チェック！**

二等辺三角形…2つの辺が等しい三角形

二等辺三角形の性質…

① 2つの底角は等しい。

② 頂角の二等分線は，底辺を垂直に2等分する。

二等辺三角形になるための条件…

三角形は，次の条件のどちらかが成り立つとき，二等辺三角形になります。

① 2つの辺の長さが等しい。（定義）

② 2つの角の大きさが等しい。

☑ **チェック！**

直角三角形の合同条件…

2つの直角三角形は，次の条件のうち，いずれかが成り立つとき，合同になります。

① 斜辺と1つの鋭角がそれぞれ等しい。

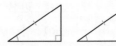

② 斜辺と他の1辺がそれぞれ等しい。

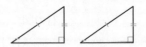

例1 右の図のような，AB＝ACの二等辺三角形ABC で，辺AB上に点D，辺AC上に点Eを，∠ADC ＝∠AEB＝90°となるようにとります。このとき，「直角三角形の斜辺と1つの鋭角がそれぞれ等しい」が根拠となって，△ADC≡△AEBといえます。

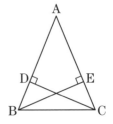

138

2 平行四辺形

☑チェック！

平行四辺形…2組の向かい合う辺がそれぞれ平行な
四角形

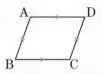

平行四辺形の性質…

① 2組の向かい合う辺の長さはそれぞれ等しい。

② 2組の向かい合う角の大きさはそれぞれ等しい。

③ 対角線は，それぞれの中点で交わる。

① 　　② 　　③

平行四辺形になるための条件…

四角形は，次の条件のうち，いずれかが成り立つとき，平行四辺形に
なります。

① 2組の向かい合う辺がそれぞれ平行である。（定義）

② 2組の向かい合う辺の長さがそれぞれ等しい。

③ 2組の向かい合う角の大きさがそれぞれ等しい。

④ 対角線がそれぞれの中点で交わる。

⑤ 1組の向かい合う辺が平行で長さが等しい。

3 平行線と面積

☑チェック！

右の図で，$\ell /\!/ m$ のとき，平行な2直線は距離
が一定なので，△ABP，△ABP′，△ABP″の
面積はすべて等しくなります。

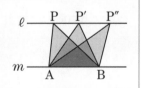

例1　右の図で，AD∥BC のとき，
　　△ABC＝△DBC，△ABD＝△ACD
　　です。

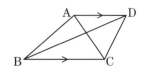

重要 1 次の図で，∠x の大きさは何度ですか。

(1) BA＝BC

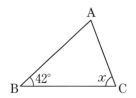

(2) 四角形 ABCD は平行四辺形

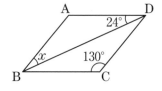

> **考え方**
> (1) BA＝BC より，∠BAC＝∠BCA
> (2) 平行四辺形の向かい合う角は等しいことを利用します。

解き方 (1) BA＝BC より，∠BAC＝∠BCA なので，

∠x＝(180°−42°)÷2＝69°　　**答え** 69°

(2) 平行四辺形の向かい合う角は等しいので，∠BAD＝130°

よって，∠x＝180°−(130°＋24°)＝26°　　**答え** 26°

重要 2 右の図で，△ABC は AB＝AC の二等辺三角形です。辺 BC 上に，BD＝CE となる点 D，E をとります。このとき，△ADE が二等辺三角形になることを三角形の合同を用いてもっとも簡潔な手順で証明します。

(1) どの三角形とどの三角形の合同を示せばよいですか。

(2) △ADE が二等辺三角形になることを証明しなさい。

> **ポイント**
> 二等辺三角形になるための条件…2つの辺の長さが等しい。
> 　　　　　　　　　　　　　　　2つの角の大きさが等しい。

解き方 (1) △ADE が二等辺三角形であることを証明するためには，AD＝AE が示せればよいので，線分 AD と AE をそれぞれ辺にもつ △ABD と △ACE の合同を示せばよい。　**答え** △ABD と △ACE

(2) △ABD と△ACE の合同を示すために，二等辺三角形の性質を利用する。

答え △ABD と△ACE において，

仮定より，BD＝CE …①，AB＝AC …②

二等辺三角形の底角は等しいので，∠ABD＝∠ACE …③

①，②，③より，2 組の辺とその間の角がそれぞれ等しいので，

$$△ABD≡△ACE$$

合同な図形の対応する辺は等しいので，

$$AD＝AE$$

よって，2 辺が等しいので，△ADE は二等辺三角形である。

重要 3 右の図で，点 P は∠BAC の二等分線上の点です。点 P から辺 AB，AC にそれぞれ垂線 PD，PE をひきます。このとき，△APD と△APE が合同となることをもっとも簡潔な手順で証明するときに必要な条件を，下の㋐〜㋕の中から 3 つ選びなさい。

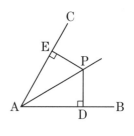

㋐ AD＝AE　　　㋑ PD＝PE　　　㋒ AP＝AP

㋓ ∠DAP＝∠EAP　　㋔ ∠PDA＝∠PEA　　㋕ ∠APD＝∠APE

解き方 △APD と△APE において，

仮定より，∠DAP＝∠EAP …①，∠PDA＝∠PEA＝90°…②
　　　　　　　㋓　　　　　　　　　　　　㋔

共通な辺なので，AP＝AP …③
　　　　　　　㋒

①，②，③より，直角三角形の斜辺と 1 つの鋭角がそれぞれ等しいので，△APD≡△APE

答え ㋒，㋓，㋔

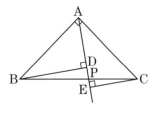

重要
1 右の図のように，AB＝AC の直角二等辺三角形 ABC の辺 BC 上に点 P をとり，直線 AP にそれぞれ垂線 BD，CE をひきました。このとき，BD＝AE であることを証明しなさい。

解き方 線分 BD，AE を辺にもつ△ABD と△CAE は直角三角形なので，直角三角形の合同条件を利用する。

 △ABD と△CAE において，

仮定より，AB＝CA …①，∠BDA＝∠AEC＝90° …②

∠ABD＝90°－∠BAD，∠CAE＝90°－∠BAD より，

∠ABD＝∠CAE …③

①，②，③より，直角三角形の斜辺と 1 つの鋭角がそれぞれ等しいので，△ABD≡△CAE

合同な図形の対応する辺は等しいので，

BD＝AE

重要
2 右の図で，四角形 ABCD は AB∥DC の台形です。辺 AD の中点を E とし，線分 CE の延長と辺 BA の延長の交点を F とします。このとき，四角形 ACDF が平行四辺形であることを証明します。

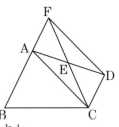

(1) どの三角形とどの三角形の合同を示せばよいですか。

(2) 四角形 ACDF が平行四辺形であることを証明しなさい。

考え方 (2) AF∥CD なので，「1 組の向かい合う辺が平行で長さが等しい」を利用します。

解き方 (1) AF∥CD なので,「1組の向かい合う辺が平行で長さが等しい」を利用するために,AF＝CD を示せればよい。線分 AF と CD をそれぞれ辺にもつ△EAF と△EDC の合同を示せればよい。

答え △EAF と△EDC

(2) △EAF と△EDC の合同を示すために,平行線の錯角が等しいことを利用する。

答え △EAF と△EDC において,

仮定より,AE＝DE …①

AF∥CD より,錯角は等しいので,

∠FAE＝∠CDE …②

対頂角は等しいので,∠AEF＝∠DEC …③

①,②,③より,1組の辺とその両端の角がそれぞれ等しいので,△EAF≡△EDC

合同な図形の対応する辺は等しいので,

AF＝CD

これと AF∥CD より,1組の向かい合う辺が平行で長さが等しいので,四角形 ACDF は平行四辺形である。

△EAF≡△EDC より,FE＝CE が成り立つことに着目し,「対角線がそれぞれの中点で交わる」を利用することでも証明できる

3 右の図で,四角形 ABCD は平行四辺形です。点 E,F はそれぞれ辺 BC,CD 上の点で,EF∥BD です。このとき,△ABE と面積が等しい三角形をすべて答えなさい。

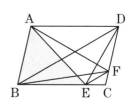

解き方 辺 BE 共通で,AD∥BE より,△BAE＝△BDE

辺 BD 共通で,EF∥BD より,△BDE＝△BDF

辺 DF 共通で,AB∥DC より,△BDF＝△ADF

答え △BDE,△BDF,△ADF

発展問題

[1] 右の図で，長方形EBFGは，長方形ABCDを，点Bを中心として，点Fが辺AD上にあるように回転移動させた図形です。点Aから辺BFに垂線AP，点Gから辺ADに垂線GQをひくとき，△ABP≡△GFQとなることを証明します。ただしさんは，下のような証明を書きましたが，この証明には誤りがあります。

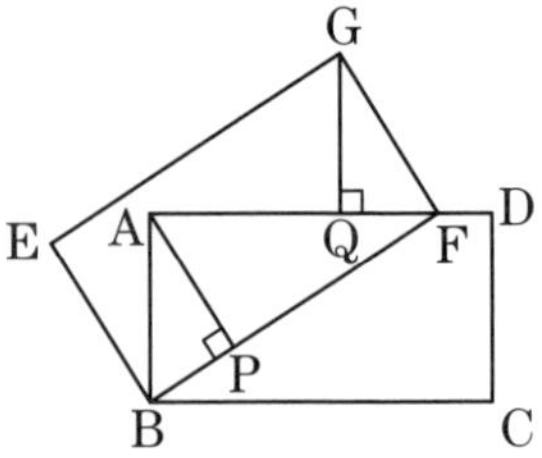

ただしさんの証明

△ABPと△GFQにおいて，

仮定より，PA＝QG…㋐，∠BPA＝∠FQG＝90°…㋑

長方形ABCDと長方形EBFGは合同なので，AB＝GF…㋒

㋐，㋑，㋒より，直角三角形の斜辺と他の1辺がそれぞれ等しい。…㋓

よって，△ABP≡△GFQ

⑴ 誤りはどれですか。㋐～㋓の中からすべて選びなさい。

⑵ 正しい証明を書きなさい。

[解き方] ⑴ ㋐は仮定だけでは証明することができない。㋐が根拠となっている㋓も誤りとなる。 [答え] ㋐，㋓

⑵ 平行線の角の性質や直角三角形の合同条件を利用する。

[答え] △ABPと△GFQにおいて，

仮定より，∠APB＝∠GQF＝90°…①

長方形ABCDと長方形EBFGは合同なので，AB＝GF…②

∠BAP＝90°－∠PAF…③，∠FGQ＝90°－∠GFQ…④

AP∥GFより，錯角は等しいので，∠PAF＝∠GFQ…⑤

③，④，⑤より，∠BAP＝∠FGQ…⑥

①，②，⑥より，直角三角形の斜辺と1つの鋭角がそれぞれ等しいので，△ABP≡△GFQ

練習問題

答え：別冊 p.29 ～ p.31

重要 1 次の図で，$\angle x$ の大きさは何度ですか。

(1) AB＝AC

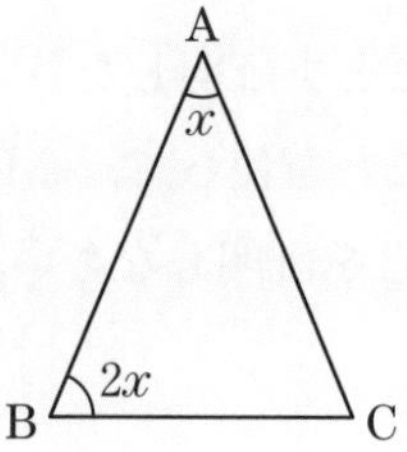

(2) 四角形 ABCD は平行四辺形
DE＝DC，EB＝EC

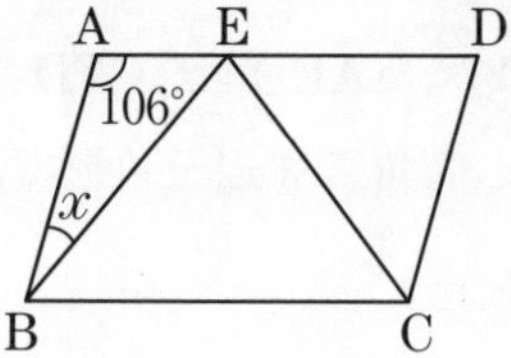

重要 2 右の図の平行四辺形 ABCD で，辺 BC の中点を M とし，線分 DM の延長(えんちょう)と辺 AB の延長の交点を E とするとき，AB＝BE となることを証明しなさい。

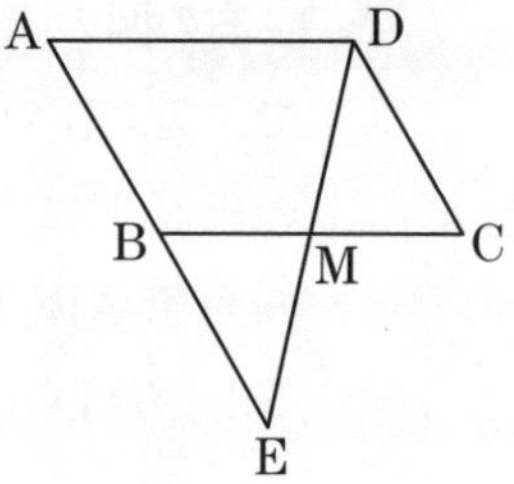

重要 3 右の図のように，2 つの長方形を重ね，交点をそれぞれ A，B，C，D とします。次の問いに答えなさい。

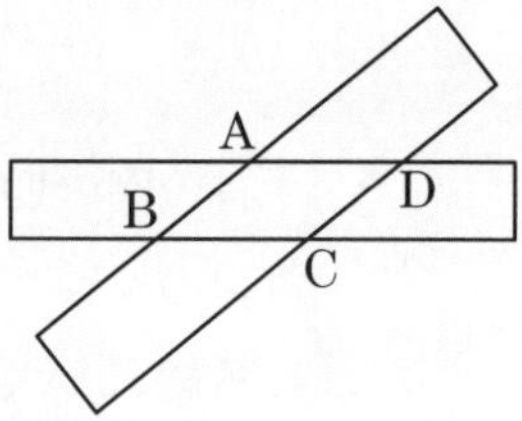

(1) 四角形 ABCD が平行四辺形であることを，もっとも簡潔(かんけつ)な手順で証明しなさい。

(2) (1)での証明をもとにすると，四角形 ABCD が平行四辺形であること以外にも新たにわかることがあります。それを，下の㋐～㋓の中から 2 つ選びなさい。

㋐ AB // DC　　㋒ AB＝DC

㋑ ∠ABC＝∠CDA　　㋓ AC＝BD

4 右の図で，四角形 ABCD は正方形です。E は辺 AB 上の点で，F は辺 BC の延長上（えんちょうじょう）の点で，ED＝FD です。次の問いに答えなさい。

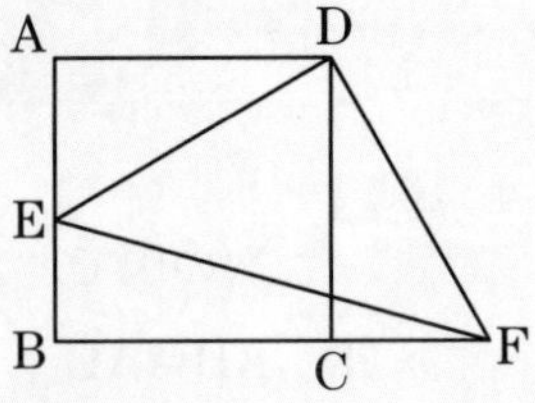

(1) △AED≡△CFD であることを証明しなさい。

(2) △AED≡△CFD であることを使って，△DEF が直角二等辺三角形であることを証明しなさい。

5 右の図の四角形 ABCD で，辺 CB の B のほうへの延長上に点 P をとり，四角形 ABCD と面積が等しい△DPC を作図しなさい。

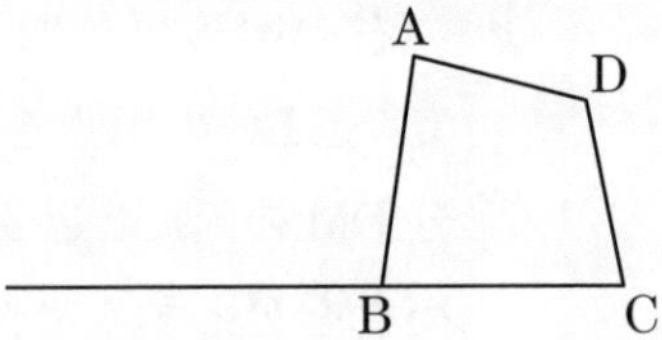

6 右の図の四角形 ABCD で，点 O は対角線の交点です。この四角形 ABCD の対角線にいくつかの条件を加えることで，正方形でないひし形にします。あてはまる条件を，下の㋐～㋓の中からすべて選びなさい。

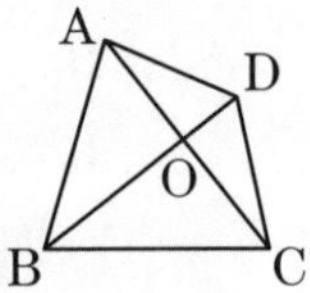

㋐ AC＝BD　　㋑ AO＝CO

㋒ BO＝DO　　㋓ AC⊥BD

第4章　データの活用に関する問題

4-1 場合の数

1 並べ方

☑ **チェック！**

並べ方…いくつかのものを，順番を考えて並べること

例1 Aさん，Bさん，Cさんの3人でリレーをします。このときの走る順番が何通りあるかを考えます。

Aさんが1番めのときは，A→B→C，A→C→Bの2通り

Bさんが1番めのときは，B→A→C，B→C→Aの2通り

Cさんが1番めのときは，C→A→B，C→B→Aの2通り

だから，2×3＝6(通り)で，全部で6通りあります。

このことを調べるとき，上のように書き上げる方法以外にも，右のような図をかく方法があります。走る順番に並んでいることを線でつないで表していて，いちばん右の線の本数から，走る順番は6通りとわかります。

```
        1番め 2番め 3番め
    A <  B ── C … ABC
         C ── B … ACB
    B <  A ── C … BAC
         C ── A … BCA
    C <  A ── B … CAB
         B ── A … CBA
```

テスト 次の問いに答えなさい。

(1) ①，②，③の3枚のカードを並べてできる3けたの数は何通りありますか。

(2) Aさん，Bさん，Cさん，Dさんの4人が長いすに座ります。このときの座り方は何通りありますか。

答え (1) 6通り   (2) 24通り

2 組み合わせ方

☑チェック!

組み合わせ方…いくつかのものから，順番は考えずにいくつか選ぶこと

例1　Aさん，Bさん，Cさん，Dさんの4人からクラス委員を2人選び
　　ます。クラス委員の組み合わせは何通りあるかを考えます。

　　　　Aさんを選ぶとすると，A−B，A−C，A−D

　　　　Bさんを選ぶとすると，B−A，B−C，B−D

　　　　Cさんを選ぶとすると，C−A，C−B，C−D

　　　　Dさんを選ぶとすると，D−A，D−B，D−C

　　　このとき，A−BとB−A，A−CとC−Aなどは，それぞれ同じ
　　組み合わせとなるので，クラス委員の組み合わせは，次の6通りとな
　　ります。

　　　A−B，A−C，A−D，B−C，B−D，C−D

　　　このことを調べるとき，下のような図や表をかく方法があり，組み
　　合わせは全部で6通りとわかります。

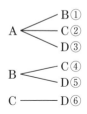

テスト　A，B，C，Dの4チームでバスケットボールの試合をします。
　　どのチームも他のチームと1回ずつ試合をするとき，試合数は全部で
　　何試合になりますか。

答え 6試合

重要 1 ①, ②, ③, ④の4枚のカードがあります。この中から2枚を選んで並べて2けたの整数をつくります。整数は全部で何通りできますか。

考え方 十の位と一の位に分けて，並べ方を考えます。

解き方 2枚のカードの並べ方を図に表すと，下のようになる。

十の位 一の位　十の位 一の位　十の位 一の位　十の位 一の位

$$
1 \begin{cases} 2 \\ 3 \\ 4 \end{cases} \quad
2 \begin{cases} 1 \\ 3 \\ 4 \end{cases} \quad
3 \begin{cases} 1 \\ 2 \\ 4 \end{cases} \quad
4 \begin{cases} 1 \\ 2 \\ 3 \end{cases}
$$

2けたの整数は全部で12通りつくることができる。

答え 12通り

重要 2 スイミングスクールに通う曜日を，火，水，木，土，日曜日から2日選びます。曜日の選び方は全部で何通りありますか。

考え方 火ー水と水ー火などは同じ組み合わせであることに注意します。

解き方1 組み合わせは右のようになる。
組み合わせは全部で10通りとなる。

火ー水	火ー木	火ー土	火ー日
	水ー木	水ー土	水ー日
		木ー土	木ー日
			土ー日

解き方2 右のような表をかいて求めることもできる。○が組み合わせを表しているので，全部で10通りとなる。

答え 10通り

	火	水	木	土	日
火		○	○	○	○
水			○	○	○
木				○	○
土					○
日					

重要 1 ⓪, ②, ③, ⑤ の 4 枚のカードがあります。この中から 3 枚を選んで並べて 3 けたの整数をつくります。

(1) 整数は全部で何通りできますか。

(2) 5 の倍数は何通りできますか。

考え方 0 は百の位には使えないことに注意します。

解き方 百の位の数になる数字は 2，3，5 だから，カードの並べ方を図に表すと，下のようになる。

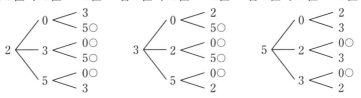

(1) 上の図より，3 けたの整数は全部で 18 通りできる。

答え 18 通り

(2) 5 の倍数になるのは，上の図の○をつけた整数なので，10 通りとなる。

答え 10 通り

2 右の図のように，円周上に A，B，C，D，E の 5 つの点があります。これらから 3 つを選んで三角形をつくるとき，三角形は全部で何個できますか。

解き方 点の選び方を表に表すと，下のようになる。

A	○	○	○	○	○	○				
B	○	○	○				○	○	○	
C	○			○	○		○			○
D		○		○		○		○		○
E			○		○	○		○	○	○

上の表より，三角形は全部で 10 個できる。

答え 10 個

1 A，B，C，Dの4人の男子生徒とE，Fの2人の女子生徒から3人を委員に選びます。少なくとも1人が女子になるような選び方は何通りありますか。

考え方 すべての選び方から，3人とも男子になる場合を除きます。

解き方 委員の選び方を表に表すと，下のようになる。

A	○	○	○	○	○	○	○	○	○	○										
B	○	○	○	○							○	○	○	○	○	○				
C	○				○	○	○				○	○	○				○	○	○	
D		○			○			○	○		○			○	○		○	○		○
E			○			○		○		○		○		○		○	○		○	○
F				○			○		○	○			○		○	○		○	○	○
	○	○			○						○									

　上の表より，委員の選び方は全部で20通りとなる。3人とも男子である選び方は，○をつけた4通りだから，少なくとも1人が女子になるのは，20−4＝16（通り）となる。

答え 16通り

2 袋の中に赤球1個，青球1個，白球2個が入っています。これら4個の球を1個ずつ取り出して左から順に3個並べるとき，並べ方は全部で何通りありますか。

考え方 白球は同じものが2個あることに注意します。

解き方 球の並べ方を図に表すと，下のようになる。

　上の図より，並べ方は全部で12通りとなる。

答え 12通り

練習問題

答え：別冊 p.31 ～ p.32

重要
1　[0], [3], [5], [7]の4枚のカードがあります。次の問いに答えなさい。

(1)　4枚のカードから2枚を選んで並べて2けたの整数をつくるとき，整数は何通りできますか。

(2)　4枚のカードから3枚を選んで並べて3けたの整数をつくるとき，整数は何通りできますか。

重要
2　10円玉が2枚，50円玉が2枚，100円玉が1枚あります。これらのお金を1枚以上使ってできる金額は全部で何通りありますか。

3　右の図の旗に，次のルールで赤，青，黄の3色の色を塗るとき，塗り分け方は全部で何通りありますか。

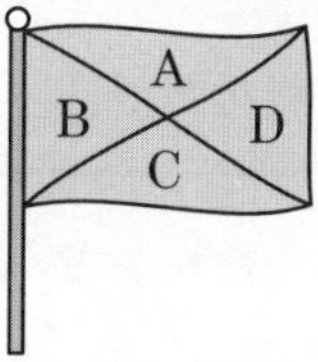

・A，B，C，Dはそれぞれ1色で塗る。

・となり合うところは異なる色で塗る。

・同じ色を何回使ってもよい。

重要
4　ある食堂では，メインを3種類から1つ，飲み物を2種類から1つ，デザートを3種類から1つ，それぞれ選ぶランチセットがあります。ランチセットの選び方は全部で何通りありますか。

ランチセット ¥1,000

メイン	ハンバーグ 焼き魚 ラーメン
飲み物	お茶 コーヒー
デザート	プリン ゼリー ヨーグルト

4-2 データの分布

☑ チェック！

度数分布表…データをいくつかの区間に分けて散らばりのようすを示した表

階級…データを区切るときの，1つ1つの区間

階級の幅(はば)…データを区切るときの区間の幅

度数…各階級に入るデータの個数

累積度数(るいせきどすう)…最小の階級からある階級までの度数を加えたもの

相対度数…各階級の度数の，全体に対する割合(わりあい)

$$相対度数＝\frac{その階級の度数}{度数の合計}$$

累積相対度数…最小の階級からある階級までの相対度数を加えたもの

例1 たかしさんのクラスの30人の身長は次のようになっています。

(cm)

145,	145,	146,	146,	147,	148,	149,	150,	151,	151,
152,	154,	157,	159,	160,	162,	163,	164,	165,	166,
166,	169,	169,	169,	170,	170,	171,	172,	174,	176

右の表は，上の結果を，階級の幅を5cmにした度数分布表にまとめたものです。

たとえば，160cm以上165cm未満の階級の度数は4人，相対度数は，4÷30＝0.13…より0.13です。また，160cm以上165cm未満の累積度数は，7＋5＋2＋4＝18(人)，累積相対度数は，0.23＋0.17＋0.07＋0.13＝0.60です。

30人の身長

階級(cm)	度数(人)
145 以上 ～ 150 未満	7
150 ～ 155	5
155 ～ 160	2
160 ～ 165	4
165 ～ 170	6
170 ～ 175	5
175 ～ 180	1
合計	30

2 ヒストグラム

☑ チェック！

ヒストグラム…階級の幅を横，度数を縦とする長方形を並べたグラフ

例1　前のページの 30 人の身長のデータの度数分布表から，階級の幅が 5cm のままヒストグラムをつくると，①のようになります。

　　　ヒストグラムに表すと，データの散らばりのようすが形として見やすくなります。

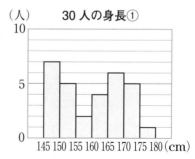

例2　同じデータから，階級の幅が異なるヒストグラムをつくることもできます。②は，階級の幅 10cm でつくったヒストグラムです。

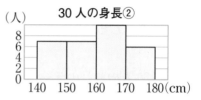

3 代表値と散らばり

☑ チェック！

範囲…データの最大の値から最小の値をひいた値

　　　範囲＝最大値－最小値

階級値…階級の真ん中の値

平均値…個々のデータの値の合計を，データの総数でわった値

中央値(メジアン)…データを大きさの順に並べたときの中央の値

　　　　　　データの総数が偶数の場合は，中央にある 2 つの値の平均を中央値とします。

最頻値(モード)…データの中でもっとも多く出てくる値

　　　　　　度数分布表などでは，度数のもっとも多い階級の階級値を最頻値とします。

第4章　データの活用に関する問題

例1　30人の身長のデータの範囲は，176－145＝31(cm)です。

例2　30人の身長のデータにおいて，145cm以上150cm未満の階級の階級値は，(150＋145)÷2＝147.5(cm)です。

例3　30人の身長のデータでは，平均値が159.5cm，中央値が161cmです。最頻値は，データから求めると169cmで，度数分布表から求めると147.5cmです。

例4　30人の身長のデータについて，ヒストグラムに代表値を対応させると，右のようになります。このデータのように，男子と女子が混じるなど偏った分布の場合，平均値，中央値，最頻値は近い値にならないことが多いです。

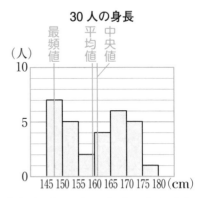

例5　30人の身長のデータを，男子15人と女子15人に分け，それぞれヒストグラムに表すと，下のようになります。

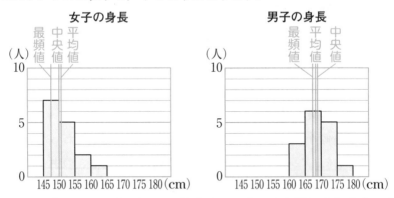

　このように，ヒストグラムの分布は，いろいろな形になります。分布の形によって代表値の位置が変わるので，代表値を選ぶときには注意することが大切です。

重要
1　右の度数分布表は，ひとみさんのクラスの40人のハンドボール投げの記録をまとめたものです。

(1)　㋐にあてはまる数を求めなさい。

(2)　中央値を含む階級を書きなさい。

(3)　最頻値を求めなさい。

(4)　記録が35m以上の人は，全体の何％ですか。

ハンドボール投げの記録

階級(m)	度数(人)
10^{以上}〜15^{未満}	5
15　〜20	7
20　〜25	㋐
25　〜30	7
30　〜35	9
35　〜40	5
40　〜45	3
合計	40

考え方
(4) 35m以上の記録が入る2つの階級の度数の合計を求め，全階級の度数の合計でわります。

解き方 (1)　クラス全体の人数が40人なので，20m以上25m未満の階級の度数は，$40-(5+7+7+9+5+3)=4$（人）となる。

答え　4

(2)　データの個数が40個なので，中央値は記録のよいほうから20番めと21番めの平均となる。20番めと21番めはどちらも25m以上30m未満の階級に含まれているから，中央値を含む階級は25m以上30m未満の階級となる。

答え　25m以上30m未満

(3)　度数のもっとも多い階級は30m以上35m未満の階級だから，階級値は，$\dfrac{30+35}{2}=32.5$（m）となる。

答え　32.5m

(4)　記録が35m以上の人は8人で，度数の合計は40人だから，$8 \div 40 \times 100 = 20$（％）となる。

答え　20％

4-2 データの分布　157

重要 1 右のヒストグラムは，さとしさんのクラスの生徒40人の通学時間をまとめたものです。通学時間が15分以上20分未満の階級の累積相対度数を求めなさい。

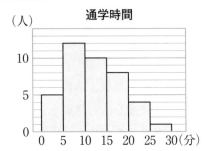

通学時間

ポイント 累積相対度数…最小の階級からある階級までの相対度数を加えたもの

解き方1 20分未満の4つの階級の相対度数を求め，それらをたす。

0分以上5分未満の階級の相対度数は，$5 \div 40 = 0.125$

5分以上10分未満の階級の相対度数は，$12 \div 40 = 0.30$

10分以上15分未満の階級の相対度数は，$10 \div 40 = 0.25$

15分以上20分未満の階級の相対度数は，$8 \div 40 = 0.20$

よって，15分以上20分未満の階級の累積相対度数は，

$0.125 + 0.30 + 0.25 + 0.20 = 0.875$

解き方2 20分未満の4つの階級の度数の合計を求め，40でわる。

15分以上20分未満の階級の累積度数は，

$5 + 12 + 10 + 8 = 35$（人）

よって，15分以上20分未満の階級の累積相対度数は，

$35 \div 40 = 0.875$

解き方3 20分以上の人の，全体に対する割合を求め，1からひく。

20分以上25分未満の階級の度数は4人，

25分以上30分未満の階級の度数は1人なので，

20分以上の人の，全体に対する割合は$5 \div 40 = 0.125$となる。

よって，15分以上20分未満の階級の累積相対度数は，

$1 - 0.125 = 0.875$

答え 0.875

2 右のヒストグラムは，2019 年の名古屋市の月ごとの最高気温をまとめたものです。

(1) 25 ℃以上 30 ℃未満の階級の累積度数を求めなさい。

(2) 最高気温の平均値を求めなさい。

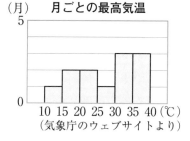

（月）　　月ごとの最高気温

10 15 20 25 30 35 40（℃）
（気象庁のウェブサイトより）

考え方 (2)度数分布表やヒストグラムから平均値を求めるときは，次の方法を用いることがあります。

① 各階級の階級値を求め，(階級値)×(度数)をそれぞれ計算する。

② 各階級で求めた①の値の合計を求める。

③ ②の値を度数の合計でわり，その値を平均値とする。

解き方 (1) 最小の階級から 25 ℃以上 30 ℃未満の階級までの度数を加えればよいので，

1+2+2+1＝6(か月)

答え 6 か月

(2) 階級や度数について，以下のようにまとめる。

階級（℃）	階級値（℃）	度数（月）	(階級値)×(度数)
10 以上～ 15 未満	12.5	1	12.5
15　～20	17.5	2	35.0
20　～25	22.5	2	45.0
25　～30	27.5	1	27.5
30　～35	32.5	3	97.5
35　～40	37.5	3	112.5
合計		12	330.0

上の表より，平均値は，330÷12＝27.5(℃)

答え 27.5 ℃

発展問題

1 右の表は，書店Aと書店Bで1日に何円の本が何冊(さつ)売れたかを度数分布表にまとめたものです。書店の比較について，下の㋐～㋓の中から正しいものを1つ選びなさい。

本の売上状況

階級(円)	書店A 度数(冊)	書店B 度数(冊)
0以上～ 200未満	0	30
200 ～ 400	0	80
400 ～ 600	50	120
600 ～ 800	90	160
800 ～1000	100	200
1000 ～1200	210	120
1200 ～1400	30	40
1400 ～1600	20	0
合計	500	750

㋐ 書店Aのほうが，売れた本の価格の平均値(へいきんち)が大きいので，購入者(こうにゅうしゃ)1人あたりの支払額(しはらいがく)が多い。

㋑ 書店Aのほうが，800円以上1000円未満の階級の累積度数(るいせきどすう)が小さいので，利益額が大きい。

㋒ 書店Bのほうが，すべての階級の度数の合計が大きいので，購入者数が多い。

㋓ 書店Bのほうが，すべての階級の(階級値)×(度数)の合計が大きいので，売上額が大きい。

考え方

	書店A	書店B
売れた本の価格の平均値	956円	750.7円
800円以上1000円未満の階級の累積度数	240冊	590冊
すべての階級の度数の合計	500冊	750冊
すべての階級の(階級値)×(度数)の合計	478000円	563000円

解き方 ㋐…価格の平均では代金の平均は決まらないので，正しくない。

㋑…売上の状況だけでは利益は計算できないので，正しくない。

㋒…販売した冊数では購入者数は決まらないので，正しくない。

㋓…(階級値)×(度数)の合計で売上額を見積もれるので，正しい。

答え ㋓

2 ふみかさんのクラスの生徒40人が50m走をしました。ふみかさんの記録は8.5秒でした。ふみかさんは，自分の記録がクラスの中で速いほうか遅いほうかを知るために，先生から，40人の記録をまとめた，図1のヒストグラムをもらいました。しかし，図1からはふみかさんの記録がクラスの中で速いほうか遅いほうかがわからなかったので，さらに先生にお願いして，図2のヒストグラムをもらいました。

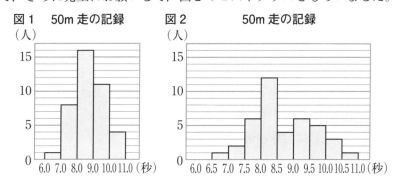

(1) 図1ではふみかさんの記録がクラスの中で速いほうか遅いほうかがわからない理由を説明しなさい。

(2) 図2を使って，ふみかさんの記録がクラスの中で速いほうか遅いほうかについて，理由をつけて説明しなさい。

考え方 記録が速いほうか遅いほうかを求めるために，中央値と比べます。

解き方 (1) 中央値は，記録の速いほうから20番めと21番めの記録の平均である。図1では，ふみかさんの記録が中央値を含む階級に入っていることに注目すればよい。

答え ふみかさんの記録は中央値を含む階級に入っていて，中央値より大きいか小さいかわからないため，速いほうか遅いほうかわからない。

(2) 図2では，中央値を含む階級は8.0秒以上8.5秒未満であることに注目すればよい。

答え 中央値を含む階級は8.0秒以上8.5秒未満の階級だから，記録が8.5秒のふみかさんは遅いほうである。

重要
1　右の度数分布表は，ひかるさんのクラスの生徒 40 人の垂直跳びの記録をまとめたものです。次の問いに答えなさい。

(1)　中央値を含む階級を書きなさい。

(2)　最頻値を求めなさい。

(3)　記録が 50cm 以上の生徒の人数は全体の何％ですか。

垂直跳びの記録

階級(cm)	度数(人)
30 以上 ～ 35 未満	5
35　～40	6
40　～45	11
45　～50	12
50　～55	4
55　～60	2
合計	40

重要
2　右のヒストグラムは，まゆみさんのクラスの 40 人の生徒のくつのサイズをまとめたものです。次の問いに答えなさい。

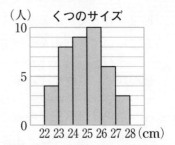

(1)　階級の幅は何 cm ですか。

(2)　中央値を含む階級を書きなさい。

(3)　まゆみさんのくつのサイズは 23.5cm です。まゆみさんのくつのサイズはクラスの中では小さいほうか大きいほうか，どちらですか。理由をつけて説明しなさい。

3 右の度数分布表は，あきら
さんのクラスの生徒20人の
昨日の学習時間をまとめたも
のです。次の問いに答えなさ
い。

学習時間

階級（分）	度数（人）
0 以上 ～ 40 未満	2
40 ～ 80	7
80 ～ 120	6
120 ～ 160	4
160 ～ 200	1
合計	20

(1) 80分以上120分未満の階
級の相対度数を求めなさい。

(2) 80分以上120分未満の階級の累積相対度数を求めな
さい。

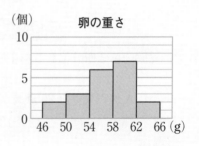

4 右のヒストグラム
は，ある農家で収穫さ
れた20個の卵の重さ
をまとめたものです。
このヒストグラムから
わかることについて，
下の㋐～㋑の中から正しいものを1つ選びなさい。

㋐ 重さの分布の範囲は20g未満である。

㋑ 最頻値は56gである。

㋒ 度数が3個の階級の階級値は50gである。

㋑ 中央値は58g以上62g未満の階級に含まれている。

4-3 データの比較

1 四分位数と四分位範囲

☑チェック!

四分位数…データを小さい順に並べたとき，全体を4等分する位置に
ある3つの値を四分位数といい，小さい値から順に**第1
四分位数**，**第2四分位数(中央値)**，**第3四分位数**といい
ます。

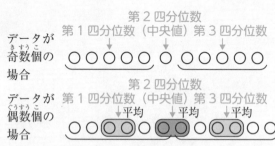

四分位範囲…第3四分位数と第1四分位数の差

例1　9人のA班が受けた20点満点のテストの結果は下のようでした。

$$5，⑧，⑨，12，13，15，⑯，⑰，19　（点）$$

このとき，第1四分位数は$\dfrac{8+9}{2}=8.5$(点)，第2四分位数は13点，

第3四分位数は$\dfrac{16+17}{2}=16.5$(点)です。

例2　11人のB班が受けた20点満点のテストの結果は下のようでした。

$$4，5，⑪，12，12，14，16，17，⑲，19，20　（点）$$

このとき，第1四分位数が11点，第3四分位数が19点なので，四
分位範囲は$19-11=8$(点)です。

☑**チェック！**

箱ひげ図…最小値，第１四分位数，第２四分位数，第３四分位数，最
　大値を，線分と長方形を使って表したグラフ

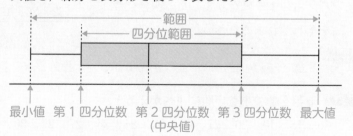

例１　前のページのA班のテスト
　　　の結果は，最小値が5点，最大
　　　値が19点，第１四分位数が8.5
　　　点，第２四分位数が13点，第
　　　3四分位数が16.5点だから，箱
　　　ひげ図は右のようになります。

A班のテストの結果

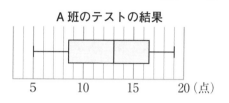

例２　前のページのA班とB班のテストの結
　　　果を箱ひげ図に表すと，右の図のようにな
　　　ります。

　　　たとえば，5つの値のうち4つについて
　　　B班のほうが大きく，全体的にB班の結
　　　果がA班を上回っているとわかります。

　　　箱ひげ図は，ヒストグラムと比べて，複
　　　数のデータの分布を比較することに適して
　　　います。

テストの結果

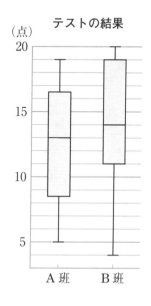

第**4**章　データの活用に関する問題

<table>
<tr><td>重要
1</td><td>たくまさんのクラスの男子15人が
1年間で読んだ本の冊数を調べたところ、右のようになりました。四分位数をそれぞれ求めなさい。</td></tr>
</table>

（冊）

31， 20， 21， 23， 30，
27， 27， 16， 18， 24，
32， 26， 19， 33， 23

考え方 記録を値の小さい順に並べかえてから、4等分します。

解き方 冊数を値の小さい順に並べかえると、

16，18，19，20，21，23，23，24，26，27，27，30，31，32，33
　　　　　第1四分位数　　　　　第2四分位数　　　　　第3四分位数
　　　　　　　　　　　　　　　（中央値）

となる。

　　よって、第1四分位数は20冊、第2四分位数は24冊、第3四分位数は30冊となる。

答え 第1四分位数… 20冊

　　　　 第2四分位数… 24冊

　　　　 第3四分位数… 30冊

重要 2 下の箱ひげ図は、ある農家で収穫されたきゅうりの重さをまとめたものです。四分位範囲を求めなさい。

きゅうりの重さ

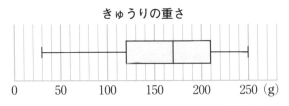

0　　50　　100　　150　　200　　250（g）

ポイント 四分位範囲＝第3四分位数－第1四分位数

解き方 第3四分位数は210g、第1四分位数は120gなので、

　　210－120＝90（g）　　**答え** 90g

重要
1 次の(1)～(3)のヒストグラムの元の
データを箱ひげ図にまとめ直しまし
た。ヒストグラムに対応する箱ひげ
図はどれですか。右の㋐～㋒の中か
らそれぞれ選びなさい。

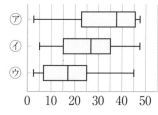

(1)
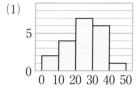

(2)
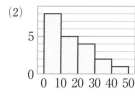

(3)
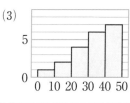

考え方 ヒストグラムから，度数の合計がどれも 20 なので，データの値
を小さい順に並べたとき，第 1 四分位数は 5 番めと 6 番めの平
均，第 2 四分位数は 10 番めと 11 番めの平均，第 3 四分位数は
15 番めと 16 番めの平均となります。それぞれが含まれる階級
を，(1)～(3)のヒストグラムに対して考えればよいです。

解き方 (1) 第 1 四分位数は 10 以上 20 未満，第 2 四分位数は 20 以上 30 未
満，第 3 四分位数は 30 以上 40 未満なので，㋑の箱ひげ図となる。

答え ㋑

(2) 第 1 四分位数は 0 以上 10 未満，第 2 四分位数は 10 以上 20 未
満，第 3 四分位数は 20 以上 30 未満なので，㋒の箱ひげ図となる。

答え ㋒

(3) 第 1 四分位数は 20 以上 30 未満，第 2 四分位数は 30 以上 40 未
満，第 3 四分位数は 40 以上 50 未満なので，㋐の箱ひげ図となる。

答え ㋐

第**4**章 データの活用に関する問題

· 発展問題 ·

1　右の箱ひげ図は，ゆうこさんが1年間に受けた5教科のテストの結果をまとめたものです。この箱ひげ図から読み取れることとして，下の㋐〜㋔は正しいといえますか。「正しい」，「正しくない」，「このデータからはわからない」のいずれかで答えなさい。

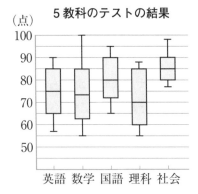

5教科のテストの結果

（点）

㋐　もっとも最高得点が高い教科は数学である。

㋑　もっとも低い平均点は70点である。

㋒　もっとも四分位範囲が大きい教科は数学である。

㋓　もっとも成績がよかった教科は社会といえる。

㋔　もっとも点数がばらついている教科は理科といえる。

解き方　㋐…最大値は，英語が90点，数学が100点，国語が95点，理科が85点以上90点未満，社会が95点以上100点未満とわかる。

㋑…箱ひげ図から平均点は読み取れない。

㋒…四分位範囲は長方形の縦の長さなので，理科がもっとも大きい。

㋓…社会は，最小値，第1四分位数，第2四分位数がもっとも大きい。また，高い点数で範囲も四分位範囲も小さいので，安定してよい成績であることがわかる。

㋔…理科は，四分位範囲がもっとも大きいが，範囲については数学のほうが大きい。データ全体のばらつきは範囲から読み取れることが多い。

答え　㋐…正しい。

　㋑…このデータからはわからない。

　㋒…正しくない。

　㋓…正しい。

　㋔…正しくない。

答え：別冊 p.34

重要 1 りょうたさんの学校の
バスケットボール部が，
今年行った試合での点数
をまとめたところ，右の
ようになりました。次の
問いに答えなさい。

(点)

| 68，71，89，81，80，
| 75，54，94，82，86，
| 74，79，61，47，75，
| 78，72，84，92，76

(1) 四分位数をそれぞれ求めなさい。

(2) 四分位範囲を求めなさい。

重要 2 右の箱ひげ図は，1組と2組
の男子15人ずつの垂直跳びの
記録をまとめたものです。下の
㋐〜㋓の中から正しいものをす
べて選びなさい。

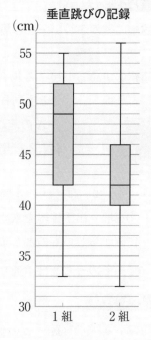

垂直跳びの記録

㋐ 記録が52cm以上の人数
は，1組より2組のほうが
多い。

㋑ 記録が42cm未満の人数
は，1組より2組のほうが
多い。

㋒ 四分位範囲は，1組より
2組のほうが大きい。

㋓ 平均値は，1組より2組
のほうが小さい。

第4章　データの活用に関する問題

4-4 確率

1 確率の意味

☑ **チェック！**

確率…あることがらが起こると期待される程度を表す数

例1 1枚の硬貨を何回も投げて，表が
出る相対度数をグラフに表します。
投げる回数が多くなると，相対度数

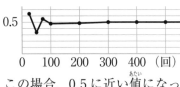

のばらつきが小さくなっていきます。この場合，0.5 に近い値になっ
ているので，表が出る確率は 0.5 と考えることができます。

☑ **チェック！**

同様に確からしい…どの場合が起こることも同じ程度であると考えら
れること

確率の求め方…起こる場合が全部で n 通りあり，どの場合が起こる
ことも同様に確からしいとします。そのうち，ことが
ら A の起こる場合が a 通りあるとき，ことがら A の
起こる確率 p は，$p = \dfrac{a}{n}$ となります。

例1 ①，②，③，④の4個の球が入った箱から，球を1個取り出すとき，
②を取り出す確率を求めます。ただし，どの球を取り出すことも同様
に確からしいものとします。球の取り出し方は①から④までの4通り
で，そのうち②は1通りだから，求める確率は $\dfrac{1}{4}$ です。

☑ **チェック！**

確率 p の値の範囲…p の値の範囲は $0 \leq p \leq 1$ となります。必ず起こ
ることがらの確率は1です。決して起こらない
ことがらの確率は0です。

2 いろいろな確率

☑ チェック!

> 樹形図と確率…いくつかのものを並べたり組み合わせたりする場面で
> は，樹形図を用います。

例1　1，2，3の3枚のカードを並べて3け
たの整数をつくるとき，整数が2の倍数とな
る確率を求めます。右の樹形図より，全部で
6通りあり，そのうち2の倍数となるのは○
をつけた2通りなので，求める確率は，$\dfrac{2}{6}=$
$\dfrac{1}{3}$です。

百の位　十の位　一の位

$$1 \begin{cases} 2 — 3 \\ 3 — 2 ○ \end{cases}$$

$$2 \begin{cases} 1 — 3 \\ 3 — 1 \end{cases}$$

$$3 \begin{cases} 1 — 2 ○ \\ 2 — 1 \end{cases}$$

☑ チェック!

> 表と確率…同じことを2回行ったり，同じものから2つを選んだりす
> る場面では，表を用います。

例1　大小2個のさいころを同時に振るとき，出
る目の数の和が4となる確率を求めます。右
の表より，全部で36通りあり，そのうち出
る目の数の和が4となるのは○で囲んだ3通
りなので，求める確率は，$\dfrac{3}{36}=\dfrac{1}{12}$です。

大＼小	1	2	3	4	5	6
1	2	3	④	5	6	7
2	3	④	5	6	7	8
3	④	5	6	7	8	9
4	5	6	7	8	9	10
5	6	7	8	9	10	11
6	7	8	9	10	11	12

☑ チェック!

> 起こらない確率…
> （ことがら A の起こらない確率）＝1－（ことがら A の起こる確率）

例1　大小2個のさいころを同時に振るとき，出る目の数の和が4となら
ない確率は，$1-\dfrac{1}{12}=\dfrac{11}{12}$です。

基本問題

1 1枚の硬貨(こうか)を何回か投げます。このとき，硬貨の表と裏(うら)の出方について，どのようなことがいえますか。下の㋐～㋔の中から正しいものを1つ選びなさい。

㋐ 2回投げるとき，そのうち1回は必ず表が出る。

㋑ 3回投げるとき，2回続けて表が出ると，次は必ず裏が出る。

㋒ 5回投げるとき，表が5回出ることはない。

㋓ 10回投げるとき，そのうち5回は必ず表が出る。

㋔ 2500回投げるとき，表が出る回数の割合(わりあい)と裏が出る回数の割合はほとんど同じになる。

[考え方] 確率はあることがらが起こると期待される程度を表す数なので，確率で表される割合どおりの結果になるとは限りません。

[解き方] ㋐…2回とも表や2回とも裏のときもある。

㋑…3回続けて表が出ることもある。

㋒…5回続けて表が出ることもある。

㋓…10回投げて表が必ず5回出るとは限らない。

㋔…表と裏の出る確率が等しいので，投げる回数が多いと，相対度数のばらつきは小さくなる。

[答え] ㋔

[重要] **2** 16本のうち，あたりくじが2本入っているくじがあります。このくじを1本ひくとき，あたりが出る確率を求めなさい。

[考え方] $(\text{あたりが出る確率})=\dfrac{(\text{あたりくじの本数})}{(\text{くじの本数})}$

[解き方] くじのひき方は16通りあり，そのうちあたりくじをひく場合は2通りなので，求める確率は，$\dfrac{2}{16}=\dfrac{1}{8}$である。

[答え] $\dfrac{1}{8}$

3 1枚の硬貨を3回投げます。

(1) 表が1回，裏が2回出る確率を求めなさい。

(2) 少なくとも1回は表が出る確率を求めなさい。

解き方 右の樹形図より，表と裏の出方は全部で8通りである。

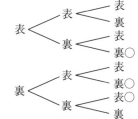

1回め　2回め　3回め

 (1) 表が1回，裏が2回出る場合は樹形図の○をつけた3通りとなる。求める確率は，$\dfrac{3}{8}$

 答え $\dfrac{3}{8}$

 (2) 3回とも裏が出る場合は1通りだから，確率は，$\dfrac{1}{8}$

  これ以外は少なくとも1回は表が出る。

  求める確率は，$1-\dfrac{1}{8}=\dfrac{7}{8}$ **答え** $\dfrac{7}{8}$

 4 大小2個のさいころを同時に振ります。

(1) 出る目の数の和が5となる確率を求めなさい。

(2) 出る目の数の和が10以上になる確率を求めなさい。

解き方 右の表より，起こる場合は全部で36通りである。

大＼小	1	2	3	4	5	6
1	2	3	4	⑤	6	7
2	3	4	⑤	6	7	8
3	4	⑤	6	7	8	9
4	⑤	6	7	8	9	10
5	6	7	8	9	10	11
6	7	8	9	10	11	12

 (1) 表より，出る目の数の和が5となるのは○で囲んだ4通りとなる。求める確率は，$\dfrac{4}{36}=\dfrac{1}{9}$

 答え $\dfrac{1}{9}$

(2) 表より，出る目の数の和が10以上となるのは，□で囲んだ6通りとなる。求める確率は，$\dfrac{6}{36}=\dfrac{1}{6}$ **答え** $\dfrac{1}{6}$

応用問題

　赤，青，黒の筆箱が1個ずつと，赤，青，黒のペンが1本ずつあります。3個の筆箱にペンを1本ずつ入れ，子ども会のための景品を3セット作ります。

(1)　赤の筆箱に赤のペンが入る確率を求めなさい。

(2)　どのセットも，筆箱とペンの色が同じになる確率を求めなさい。

(3)　どのセットも，筆箱とペンの色が異なるものになる確率を求めなさい。

考え方　筆箱とペンの組み合わせについて，樹形図をかいて考えます。

解き方　右の樹形図より，起こる場合は全部で6通りである。これらに①〜⑥の番号をつける。

筆箱の色
赤　青　黒

ペンの色

赤 ＜ 青 ― 黒 ①
　　黒 ― 青 ②

青 ＜ 赤 ― 黒 ③
　　黒 ― 赤 ④

黒 ＜ 赤 ― 青 ⑤
　　青 ― 赤 ⑥

(1)　赤の筆箱に赤のペンが入るのは，①，②の2通りとなる。求める確率は，$\dfrac{2}{6}=\dfrac{1}{3}$

答え　$\dfrac{1}{3}$

(2)　どのセットも，筆箱とペンの色が同じになるのは，①の1通りとなる。求める確率は，$\dfrac{1}{6}$

答え　$\dfrac{1}{6}$

(3)　どのセットも，筆箱とペンの色が異なるのは，④，⑤の2通りとなる。求める確率は，$\dfrac{2}{6}=\dfrac{1}{3}$

答え　$\dfrac{1}{3}$

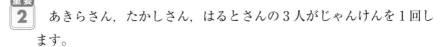

重要

2 あきらさん，たかしさん，はるとさんの 3 人がじゃんけんを 1 回します。

(1) あきらさんが勝つ確率を求めなさい。

(2) あきらさんだけが勝つ確率を求めなさい。

(3) あいこになる確率を求めなさい。

考え方 じゃんけんの手の組み合わせについて，樹形図をかいて考えます。

解き方 下の樹形図より，3 人の手の出し方は全部で 27 通りとなる。

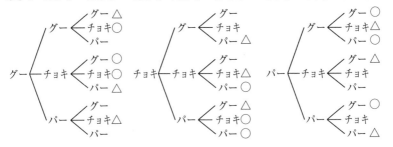

(1) あきらさんが勝つのは○をつけた 9 通りとなる。求める確率は，

$$\frac{9}{27} = \frac{1}{3}$$

答え $\frac{1}{3}$

(2) あきらさんだけが勝つのは 3 通りとなる。求める確率は，

$$\frac{3}{27} = \frac{1}{9}$$

答え $\frac{1}{9}$

(3) あいこになるのは△をつけた 9 通りとなる。求める確率は，

$$\frac{9}{27} = \frac{1}{3}$$

答え $\frac{1}{3}$

発展問題

1 4本のうち1本があたりくじになっているくじがあります。このくじを，最初にひとえさんが1本，続いてじろうさんが1本，最後にみつこさんが1本ひきます。ひいたくじは元に戻(もど)さないものとします。

(1) ひとえさんがあたりくじをひく確率を求めなさい。

(2) あたりくじをひく確率について，下の㋐～㋓の中から正しいものを1つ選びなさい。

㋐ あたりくじをひく確率は，ひとえさんがもっとも大きい。

㋑ あたりくじをひく確率は，じろうさんがもっとも大きい。

㋒ あたりくじをひく確率は，みつこさんがもっとも大きい。

㋓ あたりくじをひく確率は，3人とも等しい。

考え方 樹形図(じゅけいず)をかいて考えます。

解き方 くじをひいた順にA，B，Cとし，あたりくじを①，はずれくじを②，③，④とすると，下の樹形図より，くじのひき方は，全部で24通りである。

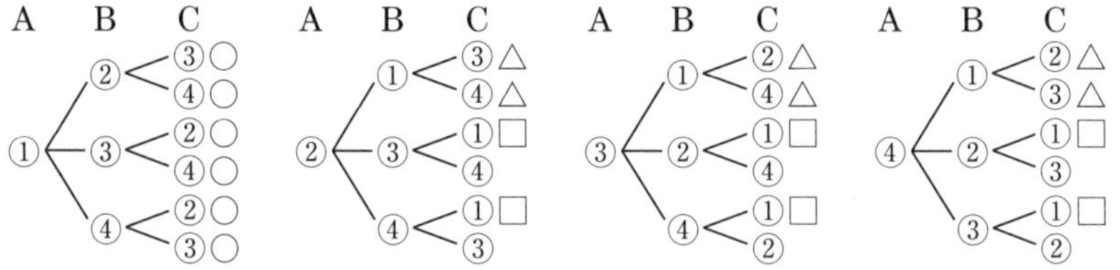

(1) Aが①となるのは○をつけた6通りだから，ひとえさんがあたりくじをひく確率は，$\frac{6}{24}=\frac{1}{4}$ **答え** $\frac{1}{4}$

(2) Bが①となるのは△をつけた6通り，Cが①となるのは□をつけた6通りだから，あたりくじをひく確率は3人とも等しい。

答え ㋓

重要
1　ジョーカーを除く1組52枚のトランプをよくきって，1枚ひきます。次の問いに答えなさい。ただし，どのカードをひくことも同様に確からしいものとします。

(1)　7のカードをひく確率を求めなさい。

(2)　ハートのカードをひく確率を求めなさい。

重要
2　赤青2個のさいころを同時に1回振ります。次の問いに答えなさい。ただし，さいころの目の出方は同様に確からしいものとします。

(1)　出た目の数について，大きいほうから小さいほうをひいた差が1以下となる確率を求めなさい。

(2)　出た目の数の積が偶数となる確率を求めなさい。

重要
3　① , ② , ③ , ④ , ⑤の5枚のカードがあります。このカードを続けて2枚ひき，1枚めのカードに書かれた数を十の位の数，2枚めのカードに書かれた数を一の位の数として2けたの整数をつくります。次の問いに答えなさい。ただし，どのカードをひくことも同様に確からしいものとします。

(1)　十の位の数が一の位の数より大きくなる確率を求めなさい。

(2)　2けたの整数が3の倍数となる確率を求めなさい。

10円硬貨，50円硬貨，100円硬貨，500円硬貨が1枚ずつあります。これらを同時に1回投げるとき，次の問いに答えなさい。ただし，どの硬貨も表と裏の出方は同様に確からしいものとします。

(1) 2枚が表で，2枚が裏となる確率を求めなさい。

(2) 表が出た硬貨の金額の合計が160円以上となる確率を求めなさい。

袋の中に，赤球が4個，白球が2個入っています。この袋から球を同時に2個取り出すとき，1個が赤球で1個が白球となる確率を求めなさい。ただし，どの球が取り出されることも同様に確からしいものとします。

右の図のように，正五角形 ABCDE の頂点 A にコマが置かれています。さいころを振り，出た目の数だけコマを反時計回りにとなりの頂点に移動させることを2回繰り返します。1回めに出た

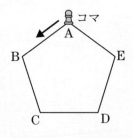

目の数と2回めに出た目の数が等しいときは，2回めはコマを動かさないものとします。さいころを2回振ったあと，コマが頂点 D にくる確率を求めなさい。ただし，さいころの目の出方は同様に確からしいものとします。

数学検定
特有問題

第
5
章

数学検定では，検定特有の問題が出題されます。
規則や法則を捉えてしくみを考察する問題や，
ことがらを整理して論理的に判断する問題など，
数学的な思考力や判断力が必要となるような，
さまざまな種類の問題が出題されます。

・・・・・・・・・・・・ **練習問題** ・・・・・・・・・・・・

答え：別冊 p.37 〜 p.39

1 　右の図のように，同
じ大きさの立方体の積
み木を床に積み，床に
接していない表面全体
に色を塗りました。次の問いに答えなさい。

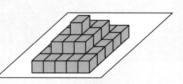

(1)　3つの面に色が塗られている積み木は何個ありますか。

(2)　どの面にも色が塗られていない積み木は何個あります
か。

2 　同じ長さの棒とねんど玉を使って，正八角柱をつなぎ
ます。下の図では，72本の棒を使って正八角柱を4個
つないでいます。次の問いに答えなさい。

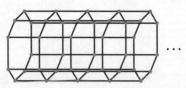

(1)　正八角柱を10個つなぐとき，棒は何本使いますか。

(2)　2021本の棒を使ってつなぐことができる正八角柱は
何個ですか。

3 A，B，C，D，Eの5人の身長について，次のことがわかっています。

> ・Aの身長とBの身長の差は，11cm である。
>
> ・Aの身長とCの身長の差は，17cm である。
>
> ・Aの身長とDの身長の差は，13cm である。
>
> ・Dの身長は，Eの身長より 19cm 高い。
>
> ・もっとも高い身長ともっとも低い身長の差は23cm である。

次の問いに答えなさい。

(1) A，B，C，D，Eの5人を，身長の高いほうから順に書きなさい。

(2) 5人の身長の平均は170cm でした。Aの身長は何 cm ですか。

4 整数Aを整数Bでわったあまりを，(A，B)と表すことにします。たとえば，17を5でわったあまりは2だから(17，5)=2，18を3でわったあまりは0だから(18，3)=0となります。次の問いに答えなさい。

(1) $(x，6)=4$ となる2けたの整数 x は全部で何個ありますか。

(2) $(75，y)=3$ となる整数 y をすべて求めなさい。

(3) $(98，z)=(86，z)$ となる整数 z をすべて求めなさい。

5 正方形の形をした白のタイルと黒のタイルがたくさん
あります。これらのタイルを，次のルールにしたがって
並(なら)べます。

ルール
・タイルは，縦(たて)2枚(まい)，横 n 枚の長方形の形に並べる。
・白のタイルどうしは，上下，左右，斜(なな)めに，とな
　り合ってよい。
・黒のタイルどうしは，上下，左右，斜めに，とな
　り合ってはいけない。

　図1は，ルールにしたがってタイルを並べたもので
す。図2は，点線で囲んだように黒のタイルを置くこと
はできないので，ルールに反しています。

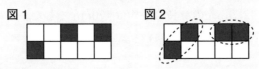

図1　　　　　図2

　次の問いに答えなさい。

(1)　$n=3$ のとき，黒のタイルはもっとも多くて何枚置け
ますか。

(2)　$n=4$ のとき，タイルの並べ方は何通りありますか。
ただし，黒のタイルを置かない並べ方も含(ふく)み，回したり
裏返(うらがえ)したりすることで同じになる並べ方は異(こと)なる並べ方
であるものとします。

6 ひとみさんは家のお手伝いをすると，お母さんから次のルールで折り紙をもらえます。

> **ルール**
> ・お手伝いを1回すると，赤色の折り紙を1枚もらえる。
> ・赤色の折り紙が4枚たまると，銀色の折り紙と交換（こうかん）できる。
> ・銀色の折り紙が4枚たまると，金色の折り紙と交換できる。

次の問いに答えなさい。ただし，赤色，銀色の折り紙は4枚になったときにそれぞれ銀色，金色の折り紙に必ず交換するものとします。

(1) 金色の折り紙を1枚もらうには，お手伝いを何回すればよいですか。

(2) ひとみさんは，金色の折り紙を3枚，銀色の折り紙を2枚，赤色の折り紙を1枚持っています。お手伝いを何回しましたか。

(3) 100回お手伝いをすると，金色，銀色，赤色の折り紙はそれぞれ何枚になりますか。

◉執筆協力：有限会社マイプラン
◉DTP：株式会社 明昌堂
◉装丁デザイン：星 光信（Xing Design）
◉装丁イラスト：たじま なおと

◉編集担当：加藤 龍平・藤原 綾依・阿部 加奈子

実用数学技能検定 要点整理 数学検定4級

2021年 4月30日　初　版発行
2024年 3月18日　第4刷発行

編　　者　公益財団法人 日本数学検定協会
発 行 者　髙田 忍
発 行 所　公益財団法人 日本数学検定協会
　　　　　〒110-0005 東京都台東区上野五丁目1番1号
　　　　　FAX 03-5812-8346
　　　　　https://www.su-gaku.net/
発 売 所　丸善出版株式会社
　　　　　〒101-0051 東京都千代田区神田神保町二丁目17番
　　　　　TEL 03-3512-3256　FAX 03-3512-3270
　　　　　https://www.maruzen-publishing.co.jp/
印刷・製本　株式会社ムレコミュニケーションズ

ISBN978-4-901647-91-5　C0041

数学検定

実用数学技能検定® 数検

要点整理 **4**級

〈別冊〉
解答と解説

4

公益財団法人 **日本数学検定協会**

1·1 分数のかけ算・わり算 📄p.20

解答

1 (1) $\dfrac{7}{10}$ (2) $\dfrac{9}{2}\left(4\dfrac{1}{2}\right)$

(3) $\dfrac{15}{16}$ (4) $\dfrac{11}{9}\left(1\dfrac{2}{9}\right)$

(5) $\dfrac{25}{96}$ (6) $\dfrac{1}{16}$

(7) $\dfrac{35}{32}\left(1\dfrac{3}{32}\right)$ (8) $\dfrac{17}{10}\left(1\dfrac{7}{10}\right)$

2 $\dfrac{8}{3}\left(2\dfrac{2}{3}\right)$kg

3 (1) $\dfrac{6}{5}\left(1\dfrac{1}{5}\right)$m (2) 6倍

4 3km

5 (1) $\dfrac{4}{3}\left(1\dfrac{1}{3}\right)$kg

(2) $\dfrac{3}{2}\left(1\dfrac{1}{2}\right)$m

6 $\dfrac{95}{7}\left(13\dfrac{4}{7}\right)$cm²

解説

1

(1) $\dfrac{7}{8}\times\dfrac{4}{5}=\dfrac{7\times\overset{1}{\cancel{4}}}{\underset{2}{\cancel{8}}\times5}=\dfrac{7}{10}$ **答え** $\dfrac{7}{10}$

(2) $3\dfrac{3}{4}\times1\dfrac{1}{5}=\dfrac{\overset{3}{\cancel{15}}\times\overset{3}{\cancel{6}}}{\underset{2}{\cancel{4}}\times\underset{1}{\cancel{5}}}=\dfrac{9}{2}\left(=4\dfrac{1}{2}\right)$

答え $\dfrac{9}{2}\left(4\dfrac{1}{2}\right)$

(3) $\dfrac{9}{28}\div\dfrac{12}{35}=\dfrac{\overset{3}{\cancel{9}}\times\overset{5}{\cancel{35}}}{\underset{4}{\cancel{28}}\times\underset{4}{\cancel{12}}}=\dfrac{15}{16}$ **答え** $\dfrac{15}{16}$

(4) $2\dfrac{1}{5}\div1\dfrac{4}{5}=\dfrac{11}{5}\div\dfrac{9}{5}=\dfrac{11\times\overset{1}{\cancel{5}}}{\underset{1}{\cancel{5}}\times9}=\dfrac{11}{9}$

答え $\dfrac{11}{9}\left(1\dfrac{2}{9}\right)$

(5) $\dfrac{5}{12}\times\dfrac{5}{6}\times\dfrac{3}{4}=\dfrac{5\times5\times\overset{1}{\cancel{3}}}{\underset{4}{\cancel{12}}\times6\times4}=\dfrac{25}{96}$

答え $\dfrac{25}{96}$

(6) $\dfrac{2}{5}\div4\times\dfrac{5}{8}=\dfrac{\overset{1}{\cancel{2}}\times1\times\overset{1}{\cancel{5}}}{\underset{1}{\cancel{5}}\times\underset{2}{\cancel{4}}\times8}=\dfrac{1}{16}$

答え $\dfrac{1}{16}$

(7) $3\dfrac{3}{8}\div1.8\div1\dfrac{5}{7}=\dfrac{27}{8}\div\dfrac{18}{10}\div\dfrac{12}{7}$

$=\dfrac{\overset{3}{\cancel{27}}\times\overset{5}{\cancel{10}}\times7}{\underset{4}{\cancel{8}}\times\underset{2}{\cancel{18}}\times\underset{4}{\cancel{12}}}$

$=\dfrac{35}{32}$

答え $\dfrac{35}{32}\left(1\dfrac{3}{32}\right)$

(8) $\dfrac{1}{2}+1.5\times\dfrac{4}{5}=\dfrac{1}{2}+\dfrac{15}{10}\times\dfrac{4}{5}$

$=\dfrac{1}{2}+\dfrac{\overset{3}{\cancel{15}}\times\overset{2}{\cancel{4}}}{\underset{5}{\cancel{10}}\times\underset{1}{\cancel{5}}}$

$=\dfrac{1}{2}+\dfrac{6}{5}$

$=\dfrac{5}{10}+\dfrac{12}{10}$

$=\dfrac{17}{10}$

答え $\dfrac{17}{10}\left(1\dfrac{7}{10}\right)$

2

$1\dfrac{1}{4}\times2\dfrac{2}{15}=\dfrac{\overset{1}{\cancel{5}}\times\overset{8}{\cancel{32}}}{\underset{1}{\cancel{4}}\times\underset{3}{\cancel{15}}}$

$=\dfrac{8}{3}$(kg)

答え $\dfrac{8}{3}\left(2\dfrac{2}{3}\right)$kg

3

(1) $2\dfrac{1}{4} \times \dfrac{8}{15} = \dfrac{\overset{3}{\cancel{9}}}{\cancel{4}} \times \dfrac{\overset{2}{\cancel{8}}}{\cancel{15}} = \dfrac{6}{5}$ (m)

答え $\dfrac{6}{5}\left(1\dfrac{1}{5}\right)$m

(2) $2\dfrac{1}{4} \div \dfrac{3}{8} = \dfrac{\overset{3}{\cancel{9}}}{\cancel{4}} \times \dfrac{\overset{2}{\cancel{8}}}{\cancel{3}} = 6$ 答え 6倍

4

$2\dfrac{1}{3} \div \dfrac{7}{9} = \dfrac{\overset{1}{\cancel{7}} \times \overset{3}{\cancel{9}}}{\cancel{3} \times \cancel{7}} = 3$ (km)

答え 3km

5

(1) $1.6 \times \dfrac{5}{6} = \dfrac{16}{10} \times \dfrac{5}{6}$

$= \dfrac{\overset{4}{\cancel{\underset{8}{16}}} \times \overset{1}{\cancel{5}}}{\cancel{\underset{2}{10}} \times \cancel{\underset{3}{6}}}$

$= \dfrac{4}{3}$ (kg)

答え $\dfrac{4}{3}\left(1\dfrac{1}{3}\right)$kg

(2) $2\dfrac{2}{5} \div 1.6 = \dfrac{12}{5} \div \dfrac{16}{10}$

$= \dfrac{\overset{3}{\cancel{12}} \times \overset{1}{\cancel{10}}}{\cancel{5} \times \cancel{\underset{2}{16}}}$

$= \dfrac{3}{2}$ (m)

答え $\dfrac{3}{2}\left(1\dfrac{1}{2}\right)$m

6

$5\dfrac{5}{7} \times 2\dfrac{3}{8} = \dfrac{\overset{5}{\cancel{40}}}{7} \times \dfrac{19}{\cancel{8}}$

$= \dfrac{95}{7}$ (cm²)

答え $\dfrac{95}{7}\left(13\dfrac{4}{7}\right)$cm²

1-2 正の数，負の数

p. 29

解答

1 (1) 2　　(2) −56
　　(3) 7　　(4) 4

2 (1) 11kg　(2) 29kg

3 ㋐…÷　㋑…×　㋒…＋

解説

1

(1) $-5-(-7)$
$= -5+7$
$= 2$ 答え 2

(2) $(-2)^3 \times 7$
$= -8 \times 7$
$= -56$ 答え −56

(3) $(-4)^2 - 3^2$
$= 16-9$
$= 7$ 答え 7

(4) $9+15 \div (-3)$
$= 9+(-5)$
$= 9-5$
$= 4$ 答え 4

2

(1) $(+2)-(-9)$
$= 2+9$
$= 11$ (kg) 答え 11kg

(2) 基準との差の平均は，
$\{(+14)+(-9)+(+2)+(-11)\} \div 4$
$= -1$
　よって，$30+(-1)=29$ (kg)

答え 29kg

[3]

㋐，㋑にあてはまる記号によらず，㋒が＋のときは負の数が2個だから計算結果は正の数になり，㋒が－のときは負の数が3個だから計算結果は負の数になる。よって，㋒が＋のほうが計算結果は大きい。

また，絶対値(ぜったいち)が1より小さい数は，かけるよりわるほうが計算結果の絶対値が大きく，絶対値が1より大きい数は，わるよりかけるほうが計算結果の絶対値が大きくなる。よって，㋐が÷，㋑が×のとき，計算結果の絶対値がもっとも大きい。

[答え] ㋐…÷　㋑…×　㋒…＋

1-3 文字と式

p.35

[解答]

[1] (1) 分速$\frac{2000}{a}$m

(2) $6x^2$(cm^2)

[2] (1) 正三角形のまわりの長さ

(2) 正三角形の面積

[3] (1) -11　(2) -6　(3) 1

[4] ㋑，㋒

[5] (1) $10x-3$　(2) $-x-2$

(3) $\frac{17x-13}{6}$　(4) $\frac{x-15}{18}$

[解説]

[1]

(1) 速さ＝道のり÷時間

より，速さは，$2000\div a=\frac{2000}{a}$

よって，分速$\frac{2000}{a}$m

[答え] 分速$\frac{2000}{a}$m

(2) 平行四辺形の面積＝底辺×高さ

より，面積は，$6x\times x=6x^2$(cm^2)

[答え] $6x^2$(cm^2)

[2]

(1) 正三角形の辺の長さはすべて等しいので，$3a$は正三角形のまわりの長さ

[答え] 正三角形のまわりの長さ

(2) 三角形の面積＝$\frac{1}{2}$×底辺×高さ

より，$\frac{1}{2}ab$は正三角形の面積

[答え] 正三角形の面積

[3]

(1) $-3x+4=-3\times5+4=-15+4=-11$

[答え] -11

(2) $\dfrac{12}{y}=\dfrac{12}{-2}=-6$ [答え] -6

(3) $x-y^2=5-(-2)^2=5-4=1$

[答え] 1

[4]

㋐…$a=2$，$b=1$ のとき正の数になり，$a=-2$，$b=1$ のとき負の数になるので，$a+b$ の符号(ふごう)は決まらない。

㋑…a^2 も b^2 も正の数なので，a^2+b^2 はいつも正の数になる。

㋒…$(-a)^2$ は正の数であり，$-(-b^2)$ は $+b^2$ となり，正の数であることがわかるので，$(-a)^2-(-b^2)$ はいつも正の数になる。

㋓…$-a^2+(-b^2)=-a^2-b^2$ であり，a^2 も b^2 も正の数なので，$-a^2+(-b^2)$ はいつも負の数になる。

[答え] ㋑，㋒

[5]

(1) $8x+3+2(x-3)$

$=8x+3+2x-6$

$=10x-3$ [答え] $10x-3$

(2) $5(x-4)-6(x-3)$

$=5x-20-6x+18$

$=-x-2$ [答え] $-x-2$

(3) 分母の最小公倍数で通分する。符号を間違(まちが)えないよう，かっこをつける。

$\dfrac{4x+1}{3}+\dfrac{3x-5}{2}$

$=\dfrac{2(4x+1)+3(3x-5)}{6}$

$=\dfrac{8x+2+9x-15}{6}$

$=\dfrac{17x-13}{6}$ [答え] $\dfrac{17x-13}{6}$

(4) $\dfrac{x-7}{6}-\dfrac{x-3}{9}$

$=\dfrac{3(x-7)-2(x-3)}{18}$

$=\dfrac{3x-21-2x+6}{18}$

$=\dfrac{x-15}{18}$ [答え] $\dfrac{x-15}{18}$

1-4 1次方程式

解答

1 (1) $x=-2$ (2) $x=2$
(3) $x=-2$ (4) $x=5$
(5) $x=-4$ (6) $x=-1$
(7) $x=2$ (8) $x=8$

2 (1) $210x+150(3x-2)$
$=1680$
(2) 3個

3 (1) $2x+\dfrac{6}{5}x=192$
(2) $2160\,\mathrm{cm}^2$

4 (1) $4x+17=5x-6$
(2) 109個

5 (1) $60x+180(18-x)$
$=1800$
(2) 12分

6 (1) $\dfrac{105}{100}x+\dfrac{96}{100}(310-x)$
$=312$
(2) 168人

解説

1

(1) $5x+6=2x$
$5x-2x=-6$
$3x=-6$
$x=-2$ **答え** $x=-2$

(2) $-4x+3=3x-11$
$-4x-3x=-11-3$
$-7x=-14$
$x=2$ **答え** $x=2$

(3) $2(x+9)=-7x$
$2x+18=-7x$
$2x+7x=-18$
$9x=-18$
$x=-2$ **答え** $x=-2$

(4) $-6x=2x-5(3+x)$
$-6x=2x-15-5x$
$-6x-2x+5x=-15$
$-3x=-15$
$x=5$ **答え** $x=5$

(5) 両辺を10倍して，係数を整数にする。
$0.1x-0.8=0.3x$
$x-8=3x$
$x-3x=8$
$-2x=8$
$x=-4$ **答え** $x=-4$

(6) $1.2x-1=0.4x-1.8$
$12x-10=4x-18$
$12x-4x=-18+10$
$8x=-8$
$x=-1$ **答え** $x=-1$

(7) 両辺に分母の最小公倍数12をかけて分母をはらう。

$$\frac{1}{2}x+\frac{1}{3}=\frac{3}{4}x-\frac{1}{6}$$

$$\left(\frac{1}{2}x+\frac{1}{3}\right)\times12=\left(\frac{3}{4}x-\frac{1}{6}\right)\times12$$

$6x+4=9x-2$
$6x-9x=-2-4$
$-3x=-6$
$x=2$ **答え** $x=2$

(8)
$$\frac{2x-5}{2}-\frac{x-2}{4}=4$$

$$\left(\frac{2x-5}{2}-\frac{x-2}{4}\right)\times4=4\times4$$

$$(2x-5)\times2-(x-2)=16$$

$$4x-10-x+2=16$$

$$4x-x=16+10-2$$

$$3x=24$$

$$x=8$$

答え $x=8$

2

(1) プリンの代金は，$210\times x=210x$(円)，シュークリームの個数は，プリンの個数の3倍より2個少ないので，$x\times3-2=3x-2$(個)となり，シュークリームの代金は，$150(3x-2)$(円)となる。代金の合計が1680円なので，
$$210x+150(3x-2)=1680$$

答え $210x+150(3x-2)=1680$

(2) (1)より，$210x+150(3x-2)=1680$
これを解くと，$x=3$

答え 3個

3

(1) 縦(たて)の長さは，$x\times\frac{3}{5}=\frac{3}{5}x$(cm)，まわりの長さは，縦の2辺と横の2辺の和なので，$x\times2+\frac{3}{5}x\times2=2x+\frac{6}{5}x$(cm)となる。まわりの長さが192cmなので，
$$2x+\frac{6}{5}x=192$$

答え $2x+\frac{6}{5}x=192$

(2) (1)より，$2x+\frac{6}{5}x=192$

これを解くと，$x=60$

縦の長さは，$60\times\frac{3}{5}=36$(cm)なので，

長方形の面積は，$60\times36=2160$(cm^2)

答え 2160cm^2

4

(1) パンの個数について，4個ずつ配ると17個あまるので$4x+17$(個)，5個ずつ配ると6個たりないので$5x-6$(個)となる。これらが等しいので，
$$4x+17=5x-6$$

答え $4x+17=5x-6$

(2) (1)より，$4x+17=5x-6$
これを解くと，$x=23$
子どもの人数が23人なので，パンの個数は，$4\times23+17=109$(個)

答え 109個

5

(1) 歩いた道のりは，$60\times x=60x$(m)，走った道のりは，走った時間が$18-x$(分)なので，$180(18-x)$(m)となる。駅から家までの道のりは1800mなので，
$$60x+180(18-x)=1800$$

答え $60x+180(18-x)=1800$

(2) (1)より，$60x+180(18-x)=1800$
これを解くと，$x=12$

答え 12分

6

(1) 今年の男子の生徒数は,

$$x \times \left(1 + \frac{5}{100}\right) = \frac{105}{100}x \, (人), \text{ 今年の女}$$

子の生徒数は, 昨年の女子の生徒数が

$310 - x \, (人)$ なので,

$$(310-x) \times \left(1 - \frac{4}{100}\right) = \frac{96}{100}(310-x)$$

(人)となる。今年の生徒数は 312 人な

ので,

$$\frac{105}{100}x + \frac{96}{100}(310-x) = 312$$

答え $\frac{105}{100}x + \frac{96}{100}(310-x) = 312$

(2) (1)より, $\frac{105}{100}x + \frac{96}{100}(310-x) = 312$

これを解くと, $x = 160$

よって, 今年の男子の生徒数は,

$$160 \times \frac{105}{100} = 168 \, (人)$$

答え 168 人

1-5 式の計算

解答

1 (1) $-x + 3y$

(2) $\frac{9}{10}x - \frac{1}{2}y$

(3) $-8x - 9y$

(4) $\frac{9}{4}x - 2y$

(5) $\frac{7x - 5y}{8}$

(6) $\frac{7x + 4y}{18}$

2 (1) $36x^3y$

(2) $2xy$

3 (1) -28

(2) -60

4 (1) $b = \frac{-3a + 7c}{5}$

(2) $a = \frac{\ell}{2} - b$

5 (1) $ab \, (\text{cm}^2)$

(2) 9 倍

1

(1) $(2x+y)-(3x-2y)$

$=2x+y-3x+2y$

$=2x-3x+y+2y$

$=-x+3y$

答え $-x+3y$

(2) $\left(\dfrac{1}{2}x+\dfrac{1}{4}y\right)+\left(\dfrac{2}{5}x-\dfrac{3}{4}y\right)$

$=\dfrac{1}{2}x+\dfrac{1}{4}y+\dfrac{2}{5}x-\dfrac{3}{4}y$

$=\dfrac{1}{2}x+\dfrac{2}{5}x+\dfrac{1}{4}y-\dfrac{3}{4}y$

$=\dfrac{5}{10}x+\dfrac{4}{10}x+\dfrac{1}{4}y-\dfrac{3}{4}y$

$=\dfrac{9}{10}x-\dfrac{1}{2}y$

答え $\dfrac{9}{10}x-\dfrac{1}{2}y$

(3) $3(2x-5y)-2(7x-3y)$

$=6x-15y-14x+6y$

$=6x-14x-15y+6y$

$=-8x-9y$

答え $-8x-9y$

(4) $\dfrac{1}{2}(3x-y)+\dfrac{3}{4}(x-2y)$

$=\dfrac{3}{2}x-\dfrac{1}{2}y+\dfrac{3}{4}x-\dfrac{3}{2}y$

$=\dfrac{3}{2}x+\dfrac{3}{4}x-\dfrac{1}{2}y-\dfrac{3}{2}y$

$=\dfrac{6}{4}x+\dfrac{3}{4}x-\dfrac{1}{2}y-\dfrac{3}{2}y$

$=\dfrac{9}{4}x-2y$

答え $\dfrac{9}{4}x-2y$

(5) $\dfrac{3x-7y}{8}+\dfrac{2x+y}{4}$

$=\dfrac{3x-7y}{8}+\dfrac{2(2x+y)}{8}$

$=\dfrac{3x-7y+2(2x+y)}{8}$

$=\dfrac{3x-7y+4x+2y}{8}$

$=\dfrac{7x-5y}{8}$

答え $\dfrac{7x-5y}{8}$

(6) $\dfrac{5x-y}{9}-\dfrac{x-2y}{6}$

$=\dfrac{2(5x-y)}{18}-\dfrac{3(x-2y)}{18}$

$=\dfrac{2(5x-y)-3(x-2y)}{18}$

$=\dfrac{10x-2y-3x+6y}{18}$

$=\dfrac{7x+4y}{18}$

答え $\dfrac{7x+4y}{18}$

2

(1) $9xy \times (-2x)^2$

$=9xy \times 4x^2$

$=9 \times 4 \times xy \times x^2$

$=36x^3y$

答え $36x^3y$

(2) $36x^3y^2 \div (-9xy) \div (-2x)$

$=\dfrac{36x^3y^2}{9xy \times 2x}$

$=2xy$

答え $2xy$

3

式を簡単（かんたん）にしてから代入する。

(1) $5(2x+y)-2(x-4y)$

$=10x+5y-2x+8y$

$=10x-2x+5y+8y$

$=8x+13y$

$=8 \times 3+13 \times (-4)$

$=24-52$

$=-28$

答え -28

(2) $15x^3y \div 3x^2$

$=5xy$

$=5 \times 3 \times (-4)$

$=-60$

答え -60

4

(1) $3a+5b=7c$

$5b=-3a+7c$

$b=\dfrac{-3a+7c}{5}$

答え $b=\dfrac{-3a+7c}{5}$

(2) $\ell=2(a+b)$

$2(a+b)=\ell$

$a+b=\dfrac{\ell}{2}$

$a=\dfrac{\ell}{2}-b$

答え $a=\dfrac{\ell}{2}-b$

5

(1) 平行四辺形の面積＝底辺×高さ

より，平行四辺形 A の面積は，

$a \times b=ab(\text{cm}^2)$

答え $ab(\text{cm}^2)$

(2) 平行四辺形 B の面積は，

$3a \times 3b=9ab(\text{cm}^2)$

よって，$9ab \div ab=9(倍)$

答え 9 倍

1-6 連立方程式

p. 61

解答

1
(1) $x=4$, $y=-3$

(2) $x=6$, $y=3$

(3) $x=1$, $y=-2$

(4) $x=-4$, $y=1$

(5) $x=-2$, $y=3$

(6) $x=2$, $y=3$

2
(1) $\begin{cases} 3x+4y=4300 \\ 2x+6y=4200 \end{cases}$

(2) 大人1人の入館料… 900円
子ども1人の入館料… 400円

3
(1) $\begin{cases} x+y=14 \\ 40x+18y=450 \end{cases}$

(2) 大型バス… 9台
小型バス… 5台

4
(1) $\begin{cases} x+y=1200 \\ \dfrac{x}{50}+\dfrac{y}{100}=19 \end{cases}$

(2) 歩いた道のり… 700m
走った道のり… 500m

5
(1) $\begin{cases} x+y=670 \\ 0.9x+1.1y=667 \end{cases}$

(2) 今年の男子生徒… 315人
今年の女子生徒… 352人

6
(1) $\begin{cases} x+y=900 \\ \dfrac{10}{100}x+\dfrac{4}{100}y=900\times\dfrac{6}{100} \end{cases}$

(2) 10%の食塩水… 300g
4%の食塩水… 600g

解説

1

(1) $\begin{cases} -x+2y=-10 & \cdots① \\ 3x-5y=27 & \cdots② \end{cases}$

①×3+②より，

$$\begin{array}{r} -3x+6y=-30 \\ +)\quad 3x-5y=27 \\ \hline y=-3 \end{array}$$

$y=-3$ を①に代入して，

$-x+2\times(-3)=-10$

$-x-6=-10$

$x=4$

答え $x=4$, $y=-3$

(2) $\begin{cases} y=x-3 & \cdots① \\ 3x-4y=6 & \cdots② \end{cases}$

①を②に代入して，y を消去する。

$3x-4(x-3)=6$

$3x-4x+12=6$

$-x=-6$

$x=6$

$x=6$ を①に代入して，

$y=6-3=3$

答え $x=6$, $y=3$

(3) $\begin{cases} y=3x-5 & \cdots① \\ y=5x-7 & \cdots② \end{cases}$

②を①に代入して，y を消去する。

$5x-7=3x-5$

$5x-3x=-5+7$

$2x=2$

$x=1$

$x=1$ を①に代入して，

$y=3\times1-5=-2$

答え $x=1$, $y=-2$

(4) $\begin{cases} 2x+7y=-1 & \cdots\text{①} \\ -x-5y=-1 & \cdots\text{②} \end{cases}$

①+②×2 より,

$$\begin{array}{r} 2x+\ 7y=-1 \\ +)\ -2x-10y=-2 \\ \hline -3y=-3 \\ y=1 \end{array}$$

$y=1$ を②に代入して,

$-x-5\times1=-1$

$-x-5=-1$

$-x=4$

$x=-4$

答え $x=-4$, $y=1$

(5) $\begin{cases} -2x+3y=13 & \cdots\text{①} \\ \dfrac{1}{9}x+\dfrac{1}{6}y=\dfrac{5}{18} & \cdots\text{②} \end{cases}$

①+②×18より,

$$\begin{array}{r} -2x+3y=13 \\ +)\ \ 2x+3y=5 \\ \hline 6y=18 \\ y=3 \end{array}$$

$y=3$ を①に代入して,

$-2x+3\times3=13$

$-2x+9=13$

$-2x=4$

$x=-2$

答え $x=-2$, $y=3$

(6) $\begin{cases} 4(2x-y)=x+2 & \cdots\text{①} \\ 0.3x+0.4y=1.8 & \cdots\text{②} \end{cases}$

①を整理して，①+②×10 より,

$$\begin{array}{r} 7x-4y=2 \\ +)\ \ 3x+4y=18 \\ \hline 10x\ \ \ \ \ \ =20 \\ x=2 \end{array}$$

$x=2$ を②×10に代入して,

$3\times2+4y=18$

$4y=12$

$y=3$

答え $x=2$, $y=3$

2

(1) 大人 3 人と子ども 4 人で入館すると

4300 円なので，$3x+4y=4300$ …①

大人 2 人と子ども 6 人で入館すると

4200 円なので，$2x+6y=4200$ …②

答え $\begin{cases} 3x+4y=4300 \\ 2x+6y=4200 \end{cases}$

(2) $\begin{cases} 3x+4y=4300 & \cdots\text{①} \\ 2x+6y=4200 & \cdots\text{②} \end{cases}$

①-②÷2×3 より,

$$\begin{array}{r} 3x+4y=4300 \\ -)\ 3x+9y=6300 \\ \hline -5y=-2000 \\ y=400 \end{array}$$

$y=400$ を①に代入して,

$3x+4\times400=4300$

$3x+1600=4300$

$3x=2700$

$x=900$

答え 大人 1 人の入館料… 900 円

子ども 1 人の入館料… 400 円

3

(1) バスの台数は合わせて 14 台だから,

$x+y=14$ …①

450 人がちょうど乗ることができたから, $40x+18y=450$ …②

答え $\begin{cases} x+y=14 \\ 40x+18y=450 \end{cases}$

(2) ①×40−②より,

$$\begin{array}{r} 40x+40y=560 \\ -)\ 40x+18y=450 \\ \hline 22y=110 \\ y=5 \end{array}$$

$y=5$ を①に代入して,

$x+5=14$

$x=9$

答え 大型バス… 9 台　小型バス… 5 台

4

(1) 家から学校までの道のりは 1.2km＝1200m なので, $x+y=1200$ …①

歩く速さは分速 50m, 走る速さは分速 100m で, かかった時間が 19 分なので, $\dfrac{x}{50}+\dfrac{y}{100}=19$ …②

答え $\begin{cases} x+y=1200 \\ \dfrac{x}{50}+\dfrac{y}{100}=19 \end{cases}$

(2) ①−②×100より,

$$\begin{array}{r} x+y=1200 \\ -)\ 2x+y=1900 \\ \hline -x\quad\ =-700 \\ x=700 \end{array}$$

$x=700$ を①に代入して,

$700+y=1200$

$y=500$

答え 歩いた道のり… 700m

走った道のり… 500m

5

(1) 昨年の男子の人数と女子の人数を合わせると 670 人なので,

$x+y=670$ …①

今年の男子の人数は,

$x×(1-0.1)=0.9x(人)$

今年の女子の人数は,

$y×(1+0.1)=1.1y(人)$

合わせて 667 人なので,

$0.9x+1.1y=667$ …②

答え $\begin{cases} x+y=670 \\ 0.9x+1.1y=667 \end{cases}$

(2) ①×9−②×10より,

$$\begin{array}{r} 9x+\ 9y=6030 \\ -)\ 9x+11y=6670 \\ \hline -\ 2y=-640 \\ y=320 \end{array}$$

$y=320$ を①に代入して,

$x+320=670$

$x=350$

よって, 今年の男子の人数は,

$350×0.9=315(人)$

今年の女子の人数は,

$320×1.1=352(人)$

答え 今年の男子生徒… 315 人

今年の女子生徒… 352 人

6

(1) それぞれの数量は，下のようになる。

	10 %の食塩水	4 %の食塩水	6 %の食塩水
食塩水の重さ(g)	x	y	900
食塩の割合	$\dfrac{10}{100}$	$\dfrac{4}{100}$	$\dfrac{6}{100}$
食塩の重さ(g)	$x\times\dfrac{10}{100}$	$y\times\dfrac{4}{100}$	$900\times\dfrac{6}{100}$

この表をもとに，食塩水の重さの関係と食塩の重さの関係について方程式をつくると，

$$\begin{cases} x+y=900 & \cdots① \\ \dfrac{10}{100}x+\dfrac{4}{100}y=900\times\dfrac{6}{100} & \cdots② \end{cases}$$

答え
$$\begin{cases} x+y=900 \\ \dfrac{10}{100}x+\dfrac{4}{100}y=900\times\dfrac{6}{100} \end{cases}$$

(2) ①×10−②×100より，

$$\begin{array}{r} 10x+10y=9000 \\ -)\,10x+04y=5400 \\ \hline 6y=3600 \\ y=600 \end{array}$$

$y=600$ ①に代入して，

$x+600=900$

$x=300$

答え 10 %の食塩水… 300g
　　 4 %の食塩水… 600g

2-1 比

解答

1 (1) 5:7　(2) 2:3
　　(3) 20:9

2 (1) $x=9$　(2) $x=1.5$
　　(3) $x=12$

3 (1) 8:9　(2) 8人

4 (1) 1kg　(2) 4.5kg

解説

1

(1) 15 と 21 の最大公約数 3 でわる。

$15:21=(15÷3):(21÷3)$
$\qquad\quad\ =5:7$　　答え **5:7**

(2) 整数にするために 10 をかける。

$0.8:1.2=(0.8×10):(1.2×10)$
$\qquad\qquad\ =8:12$
$\qquad\qquad\ =2:3$　　答え **2:3**

(3) 分母の 6 と 8 の最小公倍数 24 をかける。

$\dfrac{5}{6}:\dfrac{3}{8}=\left(\dfrac{5}{6}×24\right):\left(\dfrac{3}{8}×24\right)$
$\qquad\ =20:9$　　答え **20:9**

2

(1) $5:3=15:x$

$5×x=3×15$
$5x=45$
$x=9$　　答え $x=9$

(2) $2.4:x=4:2.5$

$4×x=2.4×2.5$
$4x=6$
$x=1.5$　　答え $x=1.5$

(3) $\dfrac{1}{4}:x=\dfrac{1}{6}:8$

$x\times\dfrac{1}{6}=\dfrac{1}{4}\times8$

$\dfrac{1}{6}x=2$

$x=12$ 　　**答え** $x=12$

3

(1) 男子の人数が16人，女子の人数が18人だから，$16:18=8:9$

答え $8:9$

(2) 増えた男子の人数を x 人とすると，

$(16+x):18=4:3$

$(16+x)\times3=18\times4$

$48+3x=72$

$3x=24$

$x=8$

よって，増えた男子の人数は8人となる。 　　**答え** 8人

4

(1) 先月の空き缶の重さを $x$kg とすると，

$x:3.6=5:18$

$x\times18=3.6\times5$

$18x=18$

$x=1$

よって，先月の空き缶の重さは1kgとなる。 　　**答え** 1kg

(2) 来月の目標を $x$kg とすると，

$3.6:x=4:5$

$x\times4=3.6\times5$

$4x=18$

$x=4.5$

よって，来月の目標は4.5kgとなる。

答え 4.5kg

2-2 比例，反比例

p. 78

解答

1 ㋐…× 　　㋑…$y=8x$

　㋒…$y=\dfrac{240}{x}$ 　　㋓…×

2 ㋒

3 (1) $y=-3x$ 　(2) $y=-8$

4 (1) -1 　(2) 11cm

5 (1) 6 　(2) 36cm^2

解説

1

㋐…横の長さが決まらないので，面積が決まっても，縦の長さは1つに決まらない。よって，y は x の関数ではない。

㋑…底辺が決まると，面積が1つに決まるため，y は x の関数である。

三角形の面積$=\dfrac{1}{2}\times$底辺$\times$高さだから，$y=\dfrac{1}{2}\times x\times16=8x$

㋒…速さが決まると，かかる時間が1つに決まるため，y は x の関数である。時間＝道のり÷速さ だから，$y=240\div x=\dfrac{240}{x}$

㋓…小学生の人数が決まっても，体重の合計は1つに決まらない。よって，y は x の関数ではない。

答え ㋐…× 　㋑…$y=8x$

㋒…$y=\dfrac{240}{x}$ 　㋓…×

2

距離を決めると，運賃が1つに決まるので，y は x の関数である。また，x と y の関係が $y=ax$ でも $y=\dfrac{a}{x}$ でもないので，比例でも反比例でもない。よって，㋑となる。

答え ㋑

3

(1)　y が x に比例するので，$y=ax$ とおく。$y=ax$ に $x=8$，$y=-24$ を代入して，

$$-24=a\times8$$
$$a=-3$$

答え $y=-3x$

(2)　y が x に反比例するので，$y=\dfrac{a}{x}$ とおく。$y=\dfrac{a}{x}$ に $x=6$，$y=-12$ を代入して，

$$-12=\dfrac{a}{6}$$
$$a=-72$$

$y=-\dfrac{72}{x}$ に $x=9$ を代入して，

$$y=-\dfrac{72}{9}=-8$$

答え $y=-8$

4

(1)　点 A の y 座標は，$y=\dfrac{1}{4}\times(-4)=-1$

答え -1

(2)　点 B の y 座標は，$y=3\times(-4)=-12$

よって，$AB=-1-(-12)=11\,(cm)$

答え $11\,cm$

5

(1)　点 A の y 座標は，$y=\dfrac{3}{2}\times4=6$

答え 6

(2)　点 B の y 座標は 6 だから，x 座標は，

$$6=-\dfrac{3}{4}x$$
$$x=-8$$

$AB=4-(-8)=12\,(cm)$ だから，

△OAB の面積は，

$$\dfrac{1}{2}\times12\times6=36\,(cm^2)$$

答え $36\,cm^2$

2-3 1次関数

解答

1 (1) $y=-5$　(2) $x=-2$

2 (1) $a=2$

(2) $y=\dfrac{1}{2}x+3$

(3) $y=-3x+1$

3 (1) 3　(2) $y=-x+5$

4 (1) $y=-4x+8$

(2) $y=2x+2$

5 8分後

6 (1) $y=6x$

(2) $y=-15x+630$

(3) $x=10$，38

解説

1

(1) $y=-\dfrac{3}{2}x+4$ に $x=6$ を代入して，

$$y=-\dfrac{3}{2}\times6+4$$
$$=-5 \qquad \boxed{答え}\ \ y=-5$$

(2) $y=-\dfrac{3}{2}x+4$ に $y=7$ を代入して，

$$7=-\dfrac{3}{2}x+4$$
$$3=-\dfrac{3}{2}x$$
$$x=-2 \qquad \boxed{答え}\ \ x=-2$$

2

(1) $y=ax+5$ に $x=-2$，$y=1$ を代入して，

$$1=a\times(-2)+5$$
$$a=2 \qquad \boxed{答え}\ \ a=2$$

(2) 2点を通る直線の式を $y=ax+b$ とおいて，$x=-4$，$y=1$ と $x=2$，$y=4$ をそれぞれ代入して連立方程式をつくると，

$$\begin{cases} 1=-4a+b & \cdots① \\ 4=2a+b & \cdots② \end{cases}$$

②－①より，3=6a となり，$a=\dfrac{1}{2}$

$a=\dfrac{1}{2}$ を②に代入して，

$$4=2\times\dfrac{1}{2}+b$$
$$b=3 \qquad \boxed{答え}\ \ y=\dfrac{1}{2}x+3$$

(3) 求める直線は，直線 $y=-3x+8$ に平行なので，傾きは-3となる。

$y=-3x+b$ に $x=2$，$y=-5$ を代入して，

$$-5=-3\times2+b$$
$$b=1 \qquad \boxed{答え}\ \ y=-3x+1$$

3

(1) 点 A は直線 ℓ 上の点だから，$y=2x-1$ に $x=2$ を代入して，

$$y=2\times2-1=3 \qquad \boxed{答え}\ \ 3$$

(2) 直線 m の切片は 5 だから，直線 m の式を $y=ax+5$ とおく。点 A は直線 m 上の点でもあるので，(1)より，$x=2$，$y=3$ を代入して，

$$3=2a+5$$
$$a=-1$$

よって，直線 m の式は，$y=-x+5$

$$\boxed{答え}\ \ y=-x+5$$

4

(1) 2点 A, B を通る直線の式を $y=ax+b$ とおく。$x=1$, $y=4$ と $x=2$, $y=0$ をそれぞれ代入して連立方程式をつくると,

$$\begin{cases} 4=a+b & \cdots① \\ 0=2a+b & \cdots② \end{cases}$$

②−①より, $a=-4$

$a=-4$ を①に代入して,

$4=-4+b$

$b=8$　　**答え** $y=-4x+8$

(2) 点 A を通り, △ABC の面積を2等分する直線は線分 BC の中点を通る。線分 BC の長さは6だから, 線分 BC の中点の座標は $(-1, 0)$ となる。この点と点 A を通る直線の式を $y=cx+d$ とおく。$x=1$, $y=4$ と $x=-1$, $y=0$ をそれぞれ代入して連立方程式をつくると,

$$\begin{cases} 4=c+d & \cdots① \\ 0=-c+d & \cdots② \end{cases}$$

①−②より, $4=2c$ となり, $c=2$

$c=2$ を①に代入して,

$4=2+d$

$d=2$　　**答え** $y=2x+2$

5

はるかさんが進む速さは分速 60m だから, はるかさんの進み方を表すグラフの式は $y=60x$ となる。

よしおさんが進む速さは分速 90m だから, よしおさんの進み方を表すグラフの傾きは -90 となる。また, $x=0$ のとき $y=1200$ なので, グラフの式は, $y=-90x+1200$ となる。

2人が出会うのは2つのグラフが交わる点だから, 2つの直線の式を組とする連立方程式は,

$$\begin{cases} y=60x & \cdots① \\ y=-90x+1200 & \cdots② \end{cases}$$

①を②に代入して,

$60x=-90x+1200$

$150x=1200$

$x=8$

よって, 2人が出会うのは出発してから8分後となる。　　**答え** **8分後**

6

(1)　△ABP の底辺を BP=$x$cm とすると，高さは AC=12cm だから，

$y=\frac{1}{2}\times x\times 12=6x$　**答え**　$y=6x$

(2)　△ABP の底辺を AP とすると，高さは BC=30cm になる。

AP=(30+12)$-x=42-x$(cm)

だから，

$y=\frac{1}{2}\times(42-x)\times 30=-15x+630$

答え　$y=-15x+630$

(3)　点 P が辺 BC 上にあるとき，

$y=6x$ に $y=60$ を代入して，

$60=6x$

$x=10$

$y=6x$ となる変域(へんいき)は $0\leqq x\leqq 30$ なので，$x=10$ は x の値(あたい)としてとりうる。

点 P が辺 CA 上にあるとき，

$y=-15x+630$ に $y=60$ を代入して，

$60=-15x+630$

$x=38$

$y=-15x+630$ となる変域は $30\leqq x\leqq 42$ なので，$x=38$ は x の値としてとりうる。　**答え**　$x=10$，38

3-1 対称な図形

p.94

解答

1　(1)　㋑，㋓，㋔
(2)　㋑，㋓

2　(1)　点 J　(2)　辺 HG

3　(1)　辺 FA　(2)　点 F

4　(1)　解説参照　(2)　辺 KL

解説

1

(1)　点対称(てんたいしょう)な図形は 1 つの点のまわりに 180°回転させたとき，もとの形にぴったり重なる図形だから，㋑，㋓，㋔となる。　**答え**　㋑，㋓，㋔

(2)　折ったときに両側がぴったり重なる折り目となる対称の軸(じく)を 2 本もつ図形だから，㋑，㋓となる。

答え　㋑，㋓

2

対応する 2 つの点を通る直線は対称の軸と垂直(すいちょく)に交わり，その交点から対応する 2 つの点までの距離(きょり)は等しい。

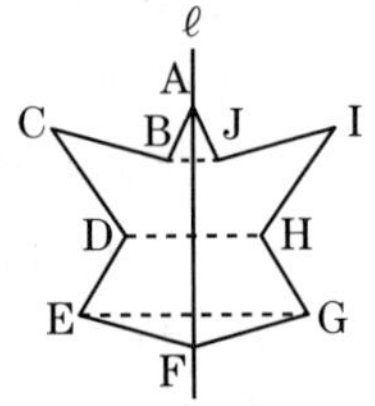

(1)　上の図より，点 B に対応する点は，点 J となる。　**答え**　点 J

(2)　上の図より，点 D に対応する点は点 H，点 E に対応する点は点 G なので，辺 DE に対応する辺は，辺 HG となる。　**答え**　辺 HG

3

(1) 点Cから対称の中心Oを通る直線をひくと，その直線は点Fを通る。また，点Dから対称の中心Oを通る直線をひくと，その直線は点Aを通る。よって，辺CDに対応する辺は，辺FAとなる。
答え **辺FA**

(2) 点Aと点Cが対応するとき，対称の軸は直線BEである。直線BEを対称の軸とするとき，点Dに対応する点は，点Fとなる。 **答え** **点F**

4

(1) 対称の中心は，対応する点を通る直線上にあるので，対応する点を通る直線を2本ひけば，その交点が対称の中心となる。

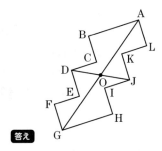

答え

(2) 点Eに対応する点は点K，点Fに対応する点は点Lなので，辺EFに対応する辺は，辺KLである。

答え **辺KL**

3-2 拡大図と縮図

p. 99

解答

1 60cm

2 (1) 2倍　(2) 10cm
　　(3) 4倍

3 175m

解説

1

△DEFは△ABCの4倍の拡大図だから，DE＝2.5×4＝10(cm)，EF＝6×4＝24(cm)，FD＝6.5×4＝26(cm)

よって，△DEFのまわりの長さは，
10＋24＋26＝60(cm)

〔別の解き方〕

どの辺の比も4倍になっているので，
△DEFのまわりの長さは，
(2.5＋6＋6.5)×4＝60(cm)

答え 60cm

2

(1) 辺ADに対応する辺は辺ABなので，
6÷3＝2(倍) **答え** 2倍

(2) △ADEは△ABCの2倍の拡大図で，辺AEに対応する辺は辺ACなので，
AE＝5×2＝10(cm)

答え 10cm

(3) △ABCの面積は，4×3÷2＝6(cm²)
△ADEは△ABCの2倍の拡大図で，辺DEに対応する辺は辺BCなので，
DE＝4×2＝8(cm)
△ADEの面積は，8×6÷2＝24(cm²)
よって，24÷6＝4(倍)

答え 4倍

3

大きさの比が 1：700 なので，本物の船の全長は，模型の長さの 700 倍である。

$25 \times 700 = 17500$（cm）

1m＝100cm なので，

17500cm＝175m

答え 175m

3-3 移動，作図，おうぎ形 p.108

解答

1 (1) BE⊥ℓ (2) 8cm

2 (1) ㋒，㋝ (2) ㋓，㋙，㋟

(3) ㋖

3 解説参照

4 (1) 解説参照 (2) 解説参照

5 解説参照

6 中心角… 150° 面積… $60\pi \text{cm}^2$

7 (1) $10\pi + 6$（cm）

(2) $15\pi \text{cm}^2$

解説

1

(1) 対称移動させたとき，対応する点どうしを結んだ線分と対称の軸は垂直に交わる。 **答え** BE⊥ℓ

(2) 図形の点から対称の軸までの垂線の長さは，その点と対応する点を結んだ線分の長さの半分となる。**答え** 8cm

2

(1) 平行移動は，もとの図形と向きも形も変わらないから，㋒と㋝となる。

答え ㋒，㋝

(2) 対称移動は，もとの図形を対称の軸を折り目として裏返した形になるから，㋓，㋙，㋟となる。**答え** ㋓，㋙，㋟

(3) ㋐を時計回りに 60°回転させると㋟と重なり，120°回転させると㋘と重なるので，240°回転させると㋖と重なる。

答え ㋖

3

点 B のところで，90° と 45° をつくる。

① 点 B を中心とする円をかき，直線 AB との交点を C，D とする。

② 点 C，D を中心として等しい半径の円をかき，その交点を E とする。

③ 直線 BE をひき，点 B を中心とする円との交点を F とする。

④ 点 D，F を中心として等しい半径の円をかき，その交点を P とする。

⑤ 半直線 BP をひく。

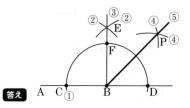

答え

4

(1) 点 A と点 C が重なるような折り目は，線分 AC の垂直二等分線となる。

① 点 A，C を中心として等しい半径の円をかき，その交点を P，Q とする。

② 直線 PQ をひく。

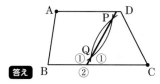

答え

(2) 辺 BC と辺 DC が重なるような折り目は，∠C の二等分線となる。

① 点 C を中心とする円をかき，辺 BC，CD との交点をそれぞれ P，Q とする。

② 点 P，Q を中心として等しい半径の円をかき，その交点を R とする。

③ 半直線 CR をひく。

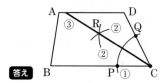

答え

5

直線 ℓ について点 B と対称な点を B′ とするとき，3 点 A，P，B′ が一直線上になるような点 P を作図する。

① 点 B を中心とする円をかき，直線 ℓ との交点を C，D とする。

② 点 C，D を中心として等しい半径の円をかき，その交点を E とする。

③ 直線 BE をひき，直線 ℓ との交点を F とする。

④ 点 F を中心として半径 FB の円をかき，直線 BE との交点が B′ となる。

⑤ 直線 AB′ をひくと，直線 ℓ との交点が P である。

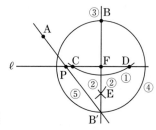

答え

23

[6]

$$10\pi=2\pi\times12\times\frac{a}{360}\quad a=150$$

$$S=\pi\times12^2\times\frac{150}{360}=60\pi(\text{cm}^2)$$

[答え] 中心角… 150°　面積… $60\pi\text{cm}^2$

[7]

(1) まわりの長さだから，弧（こ）の部分と線分の部分に分けて考える。

弧の部分は，半径 9cm，中心角 120° のおうぎ形の弧と，半径 6cm，中心角 120°のおうぎ形の弧だから，その長さの和は，

$$2\pi\times9\times\frac{120}{360}+2\pi\times6\times\frac{120}{360}$$
$$=10\pi(\text{cm})$$

線分の部分は 2 つとも，$9-6=3(\text{cm})$ だから，その長さの和は，

$3+3=6(\text{cm})$

よって，まわりの長さは，$10\pi+6$ (cm)となる。

[答え] $10\pi+6$(cm)

(2) 色を塗（ぬ）った部分は，半径 9cm，中心角 120°のおうぎ形から，半径 6cm，中心角 120°のおうぎ形を取（と）り除（のぞ）いた図形だから，面積は，

$$\pi\times9^2\times\frac{120}{360}-\pi\times6^2\times\frac{120}{360}$$
$$=15\pi(\text{cm}^2)$$

[答え] $15\pi\text{cm}^2$

3-4 空間図形

p.119

[解答]

[1] (1) 辺 AD，EH，CD，GH
(2) 面 ABCD，EFGH
(3) 面 BCGF，DCGH
(4) 辺 BF，CG，EF，HG

[2] (1) 体積… 864cm^3
表面積… 684cm^2
(2) 体積… $96\pi\text{cm}^3$
表面積… $96\pi\text{cm}^2$
(3) 体積… $250\pi\text{cm}^3$
表面積… $150\pi\text{cm}^2$
(4) 体積… $144\pi\text{cm}^3$
表面積… $108\pi\text{cm}^2$

[3] 体積… $\frac{160}{3}\pi\text{cm}^3$
表面積… $112\pi\text{cm}^2$

[4] ㋐

[5] (1) 5cm　(2) $85\pi\text{cm}^2$

[6] (1) $54\pi\text{cm}^3$　(2) $\frac{2}{3}$倍

[7] (1) 立体 P，Q とも，円柱
(2) 5：9　(3) 5：9

[解説]

[1]

(1) 面 ADHE は長方形なので，辺 AD，EH は直線 DH と垂直（すいちょく）となる。同様に，面 DCGH について，辺 CD，GH は直線 DH と垂直となる。

[答え] 辺 AD，EH，CD，GH

(2) 角柱では，底面と側面は垂直となる。

[答え] 面 ABCD，EFGH

(3) 辺 AE と垂直に交わる底面と，辺 AE を含む面 ABFE，ADHE 以外の面が，辺 AE と平行な面である。

答え 面 BCGF，DCGH

(4) 右の図のように，直線 AD と交わる辺に○印，平行な辺に×印をつけると，印がつかない辺がねじれの位置にある辺となる。**答え** 辺 BF，CG，EF，HG

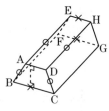

2

(1) 高さが 16cm の三角柱だから，体積は，

$$\frac{1}{2} \times 9 \times 12 \times 16 = 864 (\text{cm}^3)$$

側面は，縦 16cm，横 9＋12＋15＝36(cm)の長方形だから，表面積は，

$$\frac{1}{2} \times 9 \times 12 \times 2 + 16 \times 36 = 684 (\text{cm}^2)$$

答え 体積… **864cm³**

表面積… **684cm²**

(2) 底面の半径が 6cm，高さが 8cm の円錐だから，体積は，

$$\frac{1}{3} \times \pi \times 6^2 \times 8 = 96\pi (\text{cm}^3)$$

側面のおうぎ形の中心角を $a°$ とすると，$2\pi \times 10 \times \dfrac{a}{360} = 2\pi \times 6$ より $a = 216$ だから，表面積は，

$$\pi \times 10^2 \times \frac{216}{360} + \pi \times 6^2 = 96\pi (\text{cm}^2)$$

答え 体積… **96πcm³**

表面積… **96πcm²**

(3) 底面の半径が 5cm，高さが 10cm の円柱だから，体積は，

$$\pi \times 5^2 \times 10 = 250\pi (\text{cm}^3)$$

側面は，縦 10cm，横 $2 \times \pi \times 5 = 10\pi$ (cm)の長方形だから，表面積は，

$$\pi \times 5^2 \times 2 + 10 \times 10\pi = 150\pi (\text{cm}^2)$$

答え 体積… **250πcm³**

表面積… **150πcm²**

(4) 半径が 6cm の半球だから，体積は，

$$\frac{4}{3} \times \pi \times 6^3 \div 2 = 144\pi (\text{cm}^3)$$

表面積は，曲面の部分と平面の部分に分けて考える。

曲面の部分は，半径 6cm の球の表面積の半分だから，

$$4\pi \times 6^2 \div 2 = 72\pi (\text{cm}^2)$$

平面の部分は，半径 6cm の円だから，

$$\pi \times 6^2 = 36\pi (\text{cm}^2)$$

よって，表面積は，

$$72\pi + 36\pi = 108\pi (\text{cm}^2)$$

答え 体積… **144πcm³**

表面積… **108πcm²**

3

体積は，円錐（えんすい）から半球をひけばよい。

$\frac{1}{3}\times\pi\times6^2\times8-\frac{4}{3}\times\pi\times4^3\times\frac{1}{2}$

$=96\pi-\frac{128}{3}\pi$

$=\frac{160}{3}\pi(\text{cm}^3)$

表面積は，円錐の底面の一部を半球に代えればよい。

円錐の側面のおうぎ形の中心角を $a°$ とすると，$2\pi\times10\times\frac{a}{360}=2\pi\times6$ より $a=216$

よって，

$\pi\times10^2\times\frac{216}{360}+\pi\times6^2-\pi\times4^2$

$+\frac{1}{2}\times4\pi\times4^2$

$=60\pi+36\pi-16\pi+32\pi=112\pi(\text{cm}^2)$

[答え] **体積…$\frac{160}{3}\pi\text{cm}^3$**

表面積… $112\pi\text{cm}^2$

4

錐体なので，立面図は三角形になる。三角錐なので，底面は三角形になる。

よって，投影図（とうえいず）は㋐となる。

[答え] ㋐

5

(1) 底面の半径を $x$cm とおくと，

$2\pi x=2\pi\times12\times\frac{150}{360}$

$x=5$ [答え] 5cm

(2) $\pi\times12^2\times\frac{150}{360}+\pi\times5^2=85\pi(\text{cm}^2)$

[答え] $85\pi\text{cm}^2$

6

(1) 入っている球の直径が 6cm なので，容器の底面の円の直径は 6cm である。底面の円の半径が 3cm だから，容器の容積は，

$\pi\times3^2\times6=54\pi(\text{cm}^3)$

[答え] $54\pi\text{cm}^3$

(2) 半径 3cm の球の体積は，

$\frac{4}{3}\times\pi\times3^3=36\pi(\text{cm}^3)$

よって，球の体積は容器の容積の

$36\pi\div54\pi=\frac{2}{3}$(倍) [答え] $\frac{2}{3}$倍

7

(1) 立体Pは，底面の半径が 10cm，高さが 18cm の円柱で，立体Qは，底面の半径が 18cm，高さが 10cm の円柱になる。

[答え] **立体P，Qとも，円柱**

(2) 立体Pの体積は，

$\pi\times10^2\times18=1800\pi(\text{cm}^3)$

立体Qの体積は，

$\pi\times18^2\times10=3240\pi(\text{cm}^3)$

よって，$1800\pi:3240\pi=5:9$

[答え] 5：9

(3) 立体Pの表面積は，

$\pi\times10^2\times2+2\pi\times10\times18=560\pi(\text{cm}^2)$

立体Qの表面積は，

$\pi\times18^2\times2+2\pi\times18\times10=1008\pi(\text{cm}^2)$

よって，$560\pi:1008\pi=5:9$

[答え] 5：9

3-5 平行と合同

p. 129

解答

1 (1) 35°　　(2) 82°

2 (1) 2340°　　(2) 正十角形

3 $3a°$

4 (1) いえる。
　　(2) いえない。
　　(3) いえない。

解説

1

(1) $\angle x = 75° - 40° = 35°$

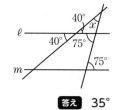

答え 35°

(2) $\angle x = 54° + 28° = 82°$

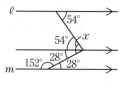

答え 82°

2

(1) $180° \times (n-2)$ に $n=15$ を代入して，
$180° \times (15-2) = 2340°$

答え 2340°

(2) 多角形の外角の和は360°で，正多角
形の外角の大きさはすべて等しいから，
$360° \div 36° = 10$ より，正十角形となる。

答え 正十角形

3

　　△BDE は二等辺三角形なので∠BED＝
$a°$であり，三角形の外角の性質より∠ADE
＝$2a°$となる。

　　三角形の内角の和は180°なので，
　　∠AED＝$180° - 2a° \times 2 = 180° - 4a°$
　　よって，
　　∠AEC＝$180° - (180° - 4a°) - a° = 3a°$

答え $3a°$

4

(1) 3つの辺がすべて 9cm なので，3組
の辺がそれぞれ等しいから，必ず合同
になるといえる。　**答え** いえる。

(2) たとえば，2人がかく三角形が下の
図のようなとき，合同ではない。よっ
て，必ず合同になるとはいえない。

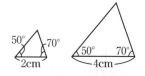

答え いえない。

(3) たとえば，2人がかく三角形が下の
図のようなとき，合同ではない。よっ
て，必ず合同になるとはいえない。

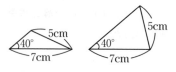

答え いえない。

解答

1 逆…△ABC において，∠A＝60°
ならば，正三角形である。
正誤…正しくない。
反例…(例)∠A＝60°，∠B＝50°，
∠C＝70°の三角形

2 (1) △ABE と△ACD

(2) △ABE と△ACD において，
仮定より，AB＝AC …①
∠ABE＝∠ACD …②
共通な角なので，
∠EAB＝∠DAC …③
①，②，③より，1組の辺
とその両端の角がそれぞれ等
しいので，
△ABE≡△ACD
合同な図形の対応する角は
等しいので，
∠AEB＝∠ADC

3 △AMD と△EMC において，
仮定より，MD＝MC …①
対頂角は等しいので，
∠AMD＝∠EMC …②
AD∥BC より，平行線の錯角は
等しいので，
∠MDA＝∠MCE …③
①，②，③より，1組の辺とそ
の両端の角がそれぞれ等しいので，
△AMD≡△EMC
合同な図形の対応する辺は等し
いので，AD＝CE

4 △AED と△BFA において，
仮定より，AE＝BF …①
四角形 ABCD は正方形なので，
DA＝AB …②
∠DAE＝∠ABF …③
①，②，③より，2組の辺とそ
の間の角がそれぞれ等しいので，
△AED≡△BFA

解説

1

仮定は「△ABC が正三角形」，結論は
「∠A＝60°」なので，これらを入れかえて
「△ABC において，∠A＝60°ならば，正
三角形である。」となる。

また，∠A＝60°でも，その他の角が
60°でない場合があるため，このこと
からは正しくないことがわかる。

答え 逆…△ABC において，∠A＝60°
ならば，正三角形である。
正誤…正しくない。
反例…(例)∠A＝60°，∠B＝50°，
∠C＝70°の三角形

2

(1) ∠AEB，∠ADC をそれぞれ角にも
つ三角形であれば，合同を示すことで
角が等しいことを証明できるので，
△ABE と△ACD となる。

答え △ABE と△ACD

(2) ∠BAE と∠CAD は，重なっている
角なので等しい。

3

　線分 AD，CE をそれぞれ辺にもつ三角形の合同を示すことで辺が等しいことを証明できる。

　対頂角は等しいことや，平行線の錯角は等しいことを用いて，△AMD と△EMC が合同であることを示す。

4

　正方形の 4 つの辺と 4 つの角がそれぞれすべて等しいことを利用する。

3-7 三角形，四角形

p.
145

解答

1 (1)　∠x＝36°　(2)　∠x＝21°

2　△BEM と△CDM において
　　仮定より，MB＝MC …①
　　対頂角は等しいから，
　　∠EMB＝∠DMC …②
　　AB∥DC より，錯角は等しいから，
　　∠MBE＝∠MCD …③
　　①，②，③より，1 組の辺とその両端の角がそれぞれ等しいので，
　　△BEM≡△CDM
　　合同な図形の対応する辺は等しいので，
　　BE＝CD …④
　　平行四辺形の向かい合う辺は等しいので，
　　AB＝DC …⑤
　　④，⑤より，AB＝BE

3 (1)　長方形の 2 組の向かい合う辺はそれぞれ平行なので，
　　　　AB∥DC …①
　　　　AD∥BC …②
　　　　①，②より，2 組の向かい合う辺がそれぞれ平行なので，四角形 ABCD は平行四辺形である。
　　(2)　⦿，⦿

4 (1) △AED と△CFD において，

仮定より，ED＝FD …①

四角形 ABCD は正方形だから，

∠DAE＝∠DCF＝90°…②

DA＝DC …③

①，②，③より，直角三角形の斜辺（しゃへん）と他の 1 辺がそれぞれ等しいので，

△AED≡△CFD

(2) △AED≡△CFD より，

∠EDA＝∠FDC だから，

∠EDF＝∠EDC＋∠FDC

＝∠EDC＋∠EDA

＝∠ADC

＝90°

これと，ED＝FD より，

△DEF は直角二等辺三角形である。

5 解説参照

6 ㋑，㋒，㋓

[解説]

1

(1) 二等辺三角形の底角は等しいので，

∠ACB＝2∠x

三角形の内角の和は 180°だから，

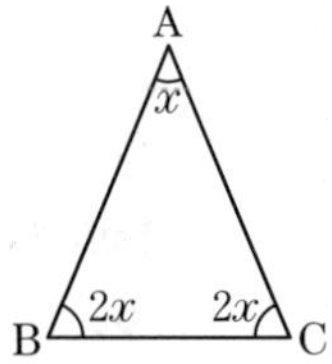

$\angle x+2\angle x+2\angle x=180^\circ$

$5\angle x=180^\circ$

$\angle x=36^\circ$

[答え] $\angle x=36^\circ$

(2) 平行四辺形のとなり合う角の大きさの和は 180°だから，

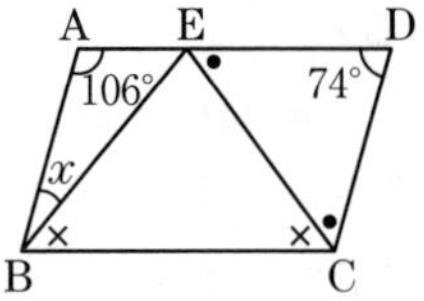

∠EDC＝180°－106°＝74°

DE＝DC なので，

$\angle \mathrm{DEC}=(180^\circ-74^\circ)\times\frac{1}{2}=53^\circ$

平行線の錯角（さっかく）は等しいから，

∠ECB＝53°

EB＝EC だから，∠EBC＝53°

∠ABC＝74°だから，

$\angle x=74^\circ-53^\circ=21^\circ$

[答え] $\angle x=21^\circ$

2

平行四辺形の向かい合う辺が等しいことから，AB＝DC だから，BE＝CD を示せばよい。

3

(1) 長方形の性質を利用する。

(2) ㋐は，(1)の証明で用いている。㋑と㋒は，平行四辺形の性質から導かれることである。㋓は，成り立つとは限らない。 [答え] ㋑，㋒

4

(1) ∠DAE＝∠DCF＝90°なので，直角三角形の合同条件を利用する。

(2) (1)で証明したことから，合同な図形の性質を利用する。

[5]

四角形ABCDの面積を変えずに形を変えるために，点Aを通り直線BDに平行な直線をひき，△ABDと面積の等しい△PBDを作図する。

① 点Aを中心とする円をかき，直線BDとの交点をE，Fとする。
② 点E，Fを中心として等しい半径の円をかき，その交点をGとする。
③ 直線AGをひく。
④ 点Aを中心とする円をかき，直線AGとの交点をH，Iとする。
⑤ 点H，Iを中心として等しい半径の円をかき，その交点をJとする。
⑥ 直線AJをひき，直線BCとの交点をPとする。
⑦ 点D，Pを結び，△DPCをかく。

[答え]

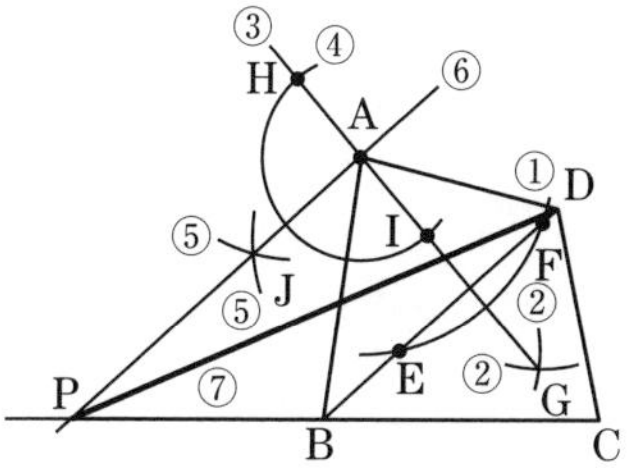

[6]

正方形でないひし形は，対角線の長さが等しくないので，㋐ではない。㋑，㋒の両方が加わるとき，対角線がそれぞれの中点で交わるので，平行四辺形になる。さらに㋓が加わるとき，対角線が直角に交わるので，ひし形になる。

[答え] ㋑，㋒，㋓

4-1 場合の数

p.153

[解答]

[1] (1) 9通り (2) 18通り

[2] 14通り

[3] 18通り

[4] 18通り

[解説]

[1]

(1) カードの並べ方は下のようになる。

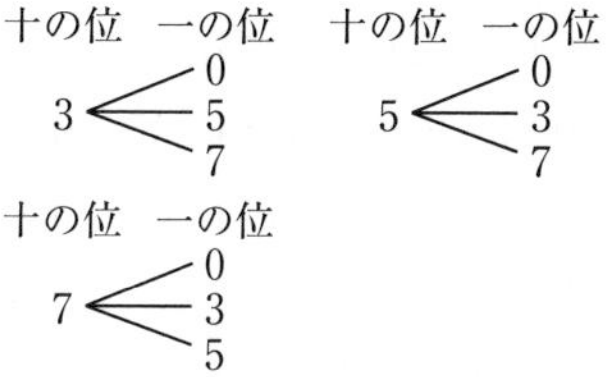

上の図より，2けたの整数は全部で9通りとなる。 [答え] 9通り

(2) カードの並べ方は下のようになる。

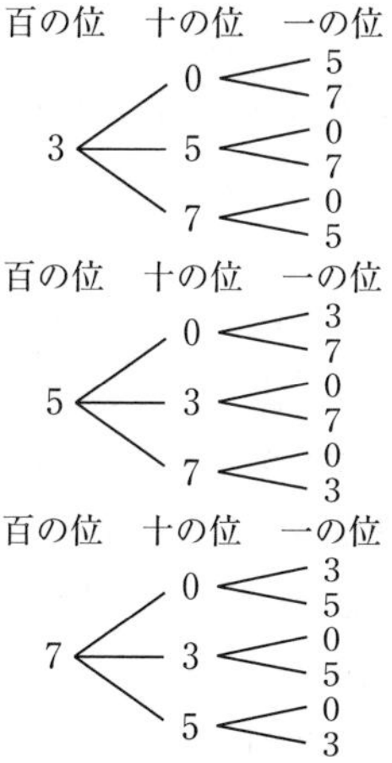

上の図より，3けたの整数は全部で18通りとなる。 [答え] 18通り

2

できる金額は下のように 17 通りとなる。

(10 円)，(50 円)，(100 円)，

(10 円，10 円)　(10 円，50 円)，

(10 円，100 円)　(50 円，50 円)，

(50 円，100 円)，

(10 円，10 円，50 円)，

(10 円，10 円，100 円)，

(10 円，50 円，50 円)，

(10 円，50 円，100 円)

(50 円，50 円，100 円)，

(10 円，10 円，50 円，50 円)，

(10 円，10 円，50 円，100 円)，

(10 円，50 円，50 円，100 円)，

(10 円，10 円，50 円，50 円，100 円)

このうち，同じ下線の組み合わせは金額が同じになる。

よって，17−3＝14(通り)

答え **14 通り**

3

A に赤を塗るとき，B と D には赤は塗れないので，下の図のように，6 通りとなる。

A に赤を塗ったときが 6 通りなので，A に青，黄を塗ったときもそれぞれ 6 通りの塗り方がある。

よって，6×3＝18(通り)

答え **18 通り**

4

メインにハンバーグを選んだ場合，飲み物とデザートの選び方は，下の図のように，6 通りとなる。

メインが焼き魚，ラーメンのときもそれぞれ 6 通りの選び方がある。

よって，6×3＝18(通り)

答え **18 通り**

4-2 データの分布

p.162

解答

1 (1) 40cm 以上 45cm 未満
　　(2) 47.5cm
　　(3) 15 %

2 (1) 1cm
　　(2) 24cm 以上 25cm 未満
　　(3) 中央値を含む階級は 24cm
　　　以上 25cm 未満の階級で，ま
　　　ゆみさんのくつのサイズはそ
　　　れよりも小さいので，くつの
　　　サイズは小さいほうといえる。

3 (1) 0.3　　(2) 0.75

4 ㋐

解説

1

(1) 記録のよいほうから 20 番めと 21 番
　めの記録の平均値が中央値になる。20
　番めの記録も 21 番めの記録も 40cm
　以上 45cm 未満の階級に含まれてい
　る。

答え 40cm 以上 45cm 未満

(2) $\dfrac{45+50}{2}=47.5$(cm)

答え 47.5cm

(3) $\dfrac{6}{40}\times100=15$(%)

答え 15 %

2

(1) 1cm ごとに区切られている。

答え 1cm

(2) 20 番めと 21 番めのデータは，どち
　らも 24cm 以上 25cm 未満の階級に含
　まれている。

答え 24cm 以上 25cm 未満

(3) 中央値が含まれている階級は 24cm
　以上 25cm 未満の階級で，まゆみさん
　のくつのサイズが 23.5cm であること
　に注目すればよい。

3

(1) $6\div20=0.3$　**答え** 0.3

(2) 80 分以上 120 分未満の階級の累積
　度数は，$2+7+6=15$(人)なので，
　　$15\div20=0.75$　**答え** 0.75

4

㋐…最小値は 46g 以上，最大値は 66g
　　未満だから，範囲は 20g 未満で
　　ある。

㋑…最頻値は度数のもっとも大きい
　　54g 以上 58g 未満の階級の階級値
　　だから，56g である。

㋒…度数が 3 個の階級は 50g 以上 54g
　　未満の階級なので，階級値は 52g
　　である。

㋓…重いほうから 10 番めと 11 番めの
　　卵の重さの平均値が中央値にな
　　る。どちらも 54g 以上 58g 未満
　　の階級に含まれている。

よって，正しいのは㋐である。

答え ㋐

4-3 データの比較

p.169

[解答]

[1] (1) 第 1 四分位数… 71.5 点
第 2 四分位数… 77 点
第 3 四分位数… 83 点
(2) 11.5 点

[2] ㋑, ㋓

[解説]

[1]

(1) 点数を小さい順に並(なら)べると，
47，54，61，68，71，72，74，75，75，76，78，79，80，81，82，84，86，89，92，94 となります。

よって，

第 1 四分位数は，$\frac{71+72}{2}=71.5$(点)

第 2 四分位数は，$\frac{76+78}{2}=77$(点)

第 3 四分位数は，$\frac{82+84}{2}=83$(点)

[答え] 第 1 四分位数… 71.5 点
第 2 四分位数… 77 点
第 3 四分位数… 83 点

(2) 第 1 四分位数が 71.5 点，第 3 四分位数が 83 点だから，四分位範囲(しぶんいはんい)は，
$83-71.5=11.5$(点)

[答え] 11.5 点

[2]

各クラス 15 人の記録を取っているので，第 1 四分位数は記録の低いほうから 4 番めの生徒の記録，第 2 四分位数は記録の低いほうから 8 番めの生徒の記録，第 3 四分位数は記録の低いほうから 12 番めの生徒の記録となる。

㋐… 1 組は，第 3 四分位数が 52cm なので，52cm 以上の記録は 4 人以上いる。2 組は，第 3 四分位数が 46cm なので，52cm 以上の記録は 4 人未満である。
よって，1 組より 2 組のほうが少ない。

㋑…㋐と同様に考え，42cm 未満の人数は，1 組より 2 組のほうが多い。

㋒… 1 組の四分位範囲は，
$52-42=10$(cm)
2 組の四分位範囲は，
$46-40=6$(cm)
よって，1 組より 2 組のほうが小さい。

㋓… 1 組の平均値(へいきんち)として考えられるもっとも小さい値(あたい)は，
$$\frac{33\times3+42\times4+49\times4+52\times3+55}{15}$$
$=44.9333\cdots$
2 組の平均値として考えられるもっとも大きい値は，
$$\frac{32+40\times3+42\times4+46\times4+56\times3}{15}$$
$=44.8$
よって，1 組より 2 組のほうが小さい。

[答え] ㋑, ㋓

4-4 確率

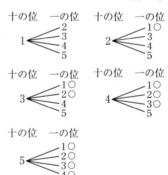

解答

1 (1) $\dfrac{1}{13}$　　(2) $\dfrac{1}{4}$

2 (1) $\dfrac{4}{9}$　　(2) $\dfrac{3}{4}$

3 (1) $\dfrac{1}{2}$　　(2) $\dfrac{2}{5}$

4 (1) $\dfrac{3}{8}$　　(2) $\dfrac{9}{16}$

5 $\dfrac{8}{15}$

6 $\dfrac{7}{36}$

解説

1

(1) 7のカードは，スペード，ハート，ダイヤ，クラブの4種類あるから，求める確率は，$\dfrac{4}{52}=\dfrac{1}{13}$　**答え** $\dfrac{1}{13}$

(2) ハートのカードは13枚あるから，求める確率は，$\dfrac{13}{52}=\dfrac{1}{4}$　**答え** $\dfrac{1}{4}$

2

(1) 2つのさいころの目の出方は36通りである。このうち，出た目の差が1以下になるのは，右の表より16通りとなる。よって，求める確率は，$\dfrac{16}{36}=\dfrac{4}{9}$

大＼小	1	2	3	4	5	6
1	⓪	①	2	3	4	5
2	①	⓪	①	2	3	4
3	2	①	⓪	①	2	3
4	3	2	①	⓪	①	2
5	4	3	2	①	⓪	①
6	5	4	3	2	①	⓪

答え $\dfrac{4}{9}$

(2) 積が奇数となるのは(奇数)×(奇数)の場合だけだから，右の表より9通りとなる。よって，

大＼小	1	2	3	4	5	6
1	◯		◯		◯	
2						
3	◯		◯		◯	
4						
5	◯		◯		◯	
6						

出た目の数の積が偶数になる確率は，

$1-\dfrac{9}{36}=\dfrac{3}{4}$

答え $\dfrac{3}{4}$

3

(1) 2けたの整数は下の樹形図より20通りできる。このうち，十の位の数が一の位の数より大きくなるのは，10通りだから，求める確率は，$\dfrac{10}{20}=\dfrac{1}{2}$

十の位　一の位
$1 < \begin{matrix}2\\3\\4\\5\end{matrix}$　　$2 < \begin{matrix}1◯\\3\\4\\5\end{matrix}$

$3 < \begin{matrix}1◯\\2◯\\4\\5\end{matrix}$　　$4 < \begin{matrix}1◯\\2◯\\3◯\\5\end{matrix}$

$5 < \begin{matrix}1◯\\2◯\\3◯\\4◯\end{matrix}$

答え $\dfrac{1}{2}$

(2) 3の倍数は，12，15，21，24，42，45，51，54の8通りあるから，求める確率は，$\dfrac{8}{20}=\dfrac{2}{5}$

答え $\dfrac{2}{5}$

4

(1) 硬貨の表と裏の出方は下の樹形図より16通りとなる。このうち、2枚が表で2枚が裏になる場合は6通りだから、求める確率は、$\dfrac{6}{16}=\dfrac{3}{8}$

10円 50円 100円 500円　　10円 50円 100円 500円

```
          表< 表
       表<     裏○
          裏< 表
              裏○
表<
          表< 表
       裏<     裏○
          裏< 表
              裏
```

```
          表< 表
       表<     裏○
          裏< 表○
              裏
裏<
          表< 表○
       裏<     裏
          裏< 表
              裏
```

答え　$\dfrac{3}{8}$

(2) 表が出た硬貨の金額の合計が160円未満になるのは、表が出た硬貨の組み合わせが、（1枚もない）、（10円）、（10円，50円）、（10円，100円）、（50円）、（50円，100円）、（100円）の7通りだから、表が出た硬貨の金額の合計が160円以上になる確率は、

$$1-\frac{7}{16}=\frac{9}{16}$$

答え　$\dfrac{9}{16}$

5

4個の赤球を赤A，赤B，赤C，赤Dとし，2個の白球を白E，白Fとすると，球の取り出し方は下の樹形図より15通りとなる。このうち，1個が赤球で1個が白球になる場合は8通りだから，求める確率は，$\dfrac{8}{15}$

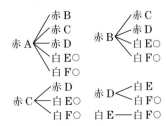

答え　$\dfrac{8}{15}$

6

2つのさいころの目の出方は36通りである。出た目が同じ数でなく、その和が3か8になるとき、コマは頂点Dにくる。また、3が2回出たときも、コマは頂点Dにくる。

よって、右の表より7通りとなる。したがって、求める確率は、$\dfrac{7}{36}$

1＼2	1	2	3	4	5	6
1		○				
2	○					○
3			○		○	
4						
5			○			
6		○				

答え　$\dfrac{7}{36}$

5-1 数学検定特有問題

(P. 180)

解答

1 (1) 8個　　(2) 10個

2 (1) 168本　　(2) 125個

3 (1) C，D，B，A，E
　　(2) 163cm

4 (1) 15個
　　(2) 4，6，8，9，12，18，
　　　24，36，72
　　(3) 1，2，3，4，6，12

5 (1) 2枚
　　(2) 21通り

6 (1) 16回　　(2) 57回
　　(3) 金色…6枚
　　　銀色…1枚
　　　赤色…0枚

解説

1

　下から順に1段め，2段め，3段めとして，それぞれの段で，色が塗られている面の数を調べると，下の図のようになる。

```
3 2 2 2 3
2 0 0 0 2
2 0 0 0 2    3 2 3
2 0 0 0 2    2 0 2
3 2 2 2 3    3 2 3      5
  1段め       2段め  3段め
```

(1) 上の図より，3つの面が塗られている積み木の個数は8個である。

答え 8個

(2) 上の図より，1面も塗られていない積み木の個数は10個である。

答え 10個

2

(1) 1個めの正八角柱をつくるのに必要な棒の本数は24本，正八角柱を1個増やすのに必要な棒の本数は16本だから，正八角柱を10個つなぐのに必要は棒の本数は，24＋16×(10−1)＝168(本)となる。

答え 168本

(2) (1)より，正八角柱を n 個つなぐのに必要な棒の本数は，
24＋16×(n−1)＝16n＋8(本)となる。
　16n＋8＝2021 となるので，これを解くと，n＝125.8125
　n は整数なので，つなぐことができる正八角柱の個数は125個となる。

答え 125個

37

3

(1) もっとも高い身長ともっとも低い身長の差が23cmであることと，わかっている2人の差の最大値がDとEの19cmであることに着目し，基準とする。

A が D より高いとすると，A は E より 19+13=32(cm)高いことになるため，23cm を超えてしまう。よって，A は D より低いとわかり，A と E の差は6cm となる。

B が A より低いとすると，B は D より 13+11=24(cm)低いことになるため，23cm を超えてしまう。よって，B は A より高いとわかり，B と D の差は2cm となる。

C が A より低いとすると，C は D より 13+17=30(cm)低いことになるため，23cm を超えてしまう。よって，C は A より高いとわかり，C と D の差は4cm となる。また，C と E の差は 4+19=23(cm)となり，条件を満たしている。

これらのことから，身長の高いほうから順に書くと，C，D，B，A，E となる。

答え C，D，B，A，E

(2) A の身長を a とすると，

$$\{(a+17)+(a+13)+(a+11)+a+(a+13-19)\}\div5=170$$
$$a+7=170$$
$$a=163$$

答え 163cm

4

(1) x は6でわると4あまる数である。

6でわると4あまる2けたの整数のうち，もっとも小さい数は，6×1+4=10，もっとも大きい数は，6×15+4=94 なので，全部で15個となる。

答え 15個

(2) 75を y でわると3あまるので，75−3=72は y でわりきれる。つまり，y は72の約数のうち3より大きい数である。よって，求める数は，4，6，8，9，12，18，24，36，72 となる。

答え 4，6，8，9，12，18，24，36，72

(3) あまりを a とすると，98−a と86−a がともに z でわりきれることになる。このことから，(98−a)−(86−a)=12が z でわりきれることになるので，z は12の約数になる。よって，1，2，3，4，6，12 となる。

答え 1，2，3，4，6，12

5

(1) タイルを置く場所に, 右の図のように名前をつける。

⑦	⑦	⑦
④	⑤	⑤

縦(たて)の列には, もっとも多くて1枚(まい)しか黒のタイルを置けない。⑦または㋓の場所に黒のタイルを置くと, それ以上は黒のタイルを置くことができない。㋑も㋔も白のタイルを置くことにすると, 黒のタイルは, ⑦か④のどちらかと, ㋐か㋙のどちらかに置くことができ, その他は白のタイルになる。

よって, 黒のタイルはもっとも多くて2枚置ける。

答え **2枚**

(2) (1)と同じように, タイルを置く場所に⑦～㋗の名前をつける。

⑦	⑦	㋐	㋖
④	㋓	㋕	㋘

(1)と同様に考えると, 黒のタイルを置ける枚数は, もっとも多くて2枚となる。

黒のタイルを置かない並(なら)べ方は, 1通りとなる。

黒のタイルを1枚置くとき, 黒のタイルは⑦～㋗のどの場所にも置けるから, タイルの並べ方は8通りとなる。

黒のタイルを2枚置くとき, 並べ方は,
⑦－㋐, ⑦－㋕, ⑦－㋖, ⑦－㋘,
④－㋐, ④－㋕, ④－㋖, ④－㋘,
㋒－㋖, ㋒－㋘, ㋓－㋖, ㋓－㋘
の12通りとなる。

よって, タイルの並べ方は,
1+8+12=21(通り)

答え **21通り**

6

(1) まず, 赤色の折り紙4枚で, 銀色の折り紙1枚と交換(こうかん)できるので, 4回お手伝いをすると銀色の折り紙が1枚もらえることになる。

次に, 銀色の折り紙4枚で, 金色の折り紙1枚と交換できるので, お手伝いの回数は, 4×4=16(回)になる。

答え **16回**

(2) (1)より, お手伝いの回数は,
16×(金色の折り紙の枚数)+4×(銀色の折り紙の枚数)+1×(赤色の折り紙の枚数)で求められるとわかる。

よって, 金色の折り紙3枚, 銀色の折り紙2枚, 赤色の折り紙1枚のとき, お手伝いの回数は,
16×3+4×2+1×1=57(回)である。

答え **57回**

(3) 折り紙は必ず交換するので, もらうために必要なお手伝いの回数が多い色から考える。

16回のお手伝いで金色の折り紙が1枚もらえるので, 100÷16=6あまり4より, 金色の折り紙が6枚もらえ, お手伝いの回数が4回あまる。

4回のお手伝いで銀色の折り紙が1枚もらえるので, 4÷4=1より, 銀色の折り紙が1枚もらえることになる。

これでちょうど100回分となるので, 赤色の折り紙は0枚となる。

答え **金色…6枚**
銀色…1枚
赤色…0枚

数学検定